建筑与市政工程施工现场专业人员职业标准培训教材

机械员核心考点模拟与解析

建筑与市政工程施工现场专业人员职业标准培训教材编委会　编写

中国建筑工业出版社

图书在版编目（CIP）数据

机械员核心考点模拟与解析／建筑与市政工程施工
现场专业人员职业标准培训教材编委会编写. —北京：
中国建筑工业出版社，2023.6
建筑与市政工程施工现场专业人员职业标准培训教材
ISBN 978-7-112-28633-1

Ⅰ.①机…　Ⅱ.①建…　Ⅲ.①建筑机械—职业培训—
教材　Ⅳ.①TU6

中国国家版本馆 CIP 数据核字（2023）第 069419 号

责任编辑：李　慧　李　杰
责任校对：李美娜

建筑与市政工程施工现场专业人员职业标准培训教材
机械员核心考点模拟与解析
建筑与市政工程施工现场专业人员职业标准培训教材编委会　编写
*
中国建筑工业出版社出版、发行（北京海淀三里河路 9 号）
各地新华书店、建筑书店经销
北京建筑工业印刷厂制版
河北鹏润印刷有限公司印刷
*
开本：787 毫米×1092 毫米　1/16　印张：10¾　字数：259 千字
2023 年 6 月第一版　2023 年 6 月第一次印刷
定价：45.00 元
ISBN 978-7-112-28633-1
（41035）

编 委 会

前　言

为落实住房和城乡建设部发布的行业标准《建筑与市政工程施工现场专业人员职业标准》JGJ/T 250，进一步规范建设行业施工现场专业人员岗位培训工作，贴合培训测试需求。本书以《机械员通用与基础知识（第三版）》《机械员岗位知识与专业技能（第三版）》为蓝本，依据职业标准相配套的考核评价大纲，总结提取教材中的核心考点，指导考生学习与复习；并结合往年考试中的难点和易错考点，配以相应的测试题，增强考生对知识点的理解，提升其应试能力，本书更贴合考试需求。

本书分上下两篇，上篇为《通用与基础知识》，下篇为《岗位知识与专业技能》，所有章节名称与相应专业的《机械员通用与基础知识（第三版）》《机械员岗位知识与专业技能（第三版）》相对应，本书的知识点均标注了在第三版教材中的页码，以便考生查找，对照学习。

本书上篇教材点睛共 66 个考点，下篇教材点睛共 47 个考点，共计 113 个考点。全书考点分为四类，即一般考点（其后无标注），核心考点（"★"标识），易错考点（"●"标识），核心考点＋易错考点（"★●"标识）。

配套巩固练习题约 650 道，题型分为判断题、单选题、多选题三类。

本书由北京筑友锐成工程咨询有限公司技术总监刘录担任主编。由于编写时间有限，书中难免存在不妥之处，敬请广大读者批评指正。

目　　录

下篇　岗位知识与专业技能

上 篇

通用与基础知识

知识点导图

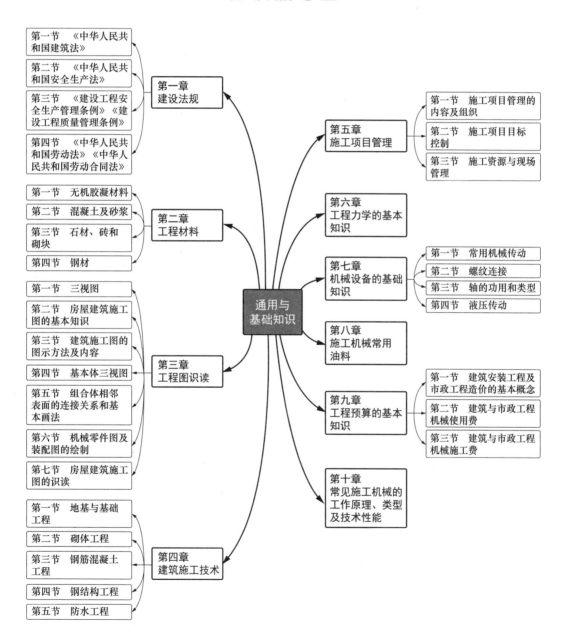

第一节 《中华人民共和国建筑法》

第二节 《中华人民共和国安全生产法》

第三节 《建设工程安全生产管理条例》《建设工程质量管理条例》

第四节 《中华人民共和国劳动法》《中华人民共和国劳动合同法》

第一章 建设法规

第一节 无机胶凝材料

第二节 混凝土及砂浆

第三节 石材、砖和砌块

第四节 钢材

第二章 工程材料

第一节 三视图

第二节 房屋建筑施工图的基本知识

第三节 建筑施工图的图示方法及内容

第四节 基本体三视图

第五节 组合体相邻表面的连接关系和基本画法

第六节 机械零件图及装配图的绘制

第七节 房屋建筑施工图的识读

第三章 工程图识读

第一节 地基与基础工程

第二节 砌体工程

第三节 钢筋混凝土工程

第四节 钢结构工程

第五节 防水工程

第四章 建筑施工技术

通用与基础知识

第五章 施工项目管理

第一节 施工项目管理的内容及组织

第二节 施工项目目标控制

第三节 施工资源与现场管理

第六章 工程力学的基本知识

第七章 机械设备的基础知识

第一节 常用机械传动

第二节 螺纹连接

第三节 轴的功用和类型

第四节 液压传动

第八章 施工机械常用油料

第九章 工程预算的基本知识

第一节 建筑安装工程及市政工程造价的基本概念

第二节 建筑与市政工程机械使用费

第三节 建筑与市政工程机械施工费

第十章 常见施工机械的工作原理、类型及技术性能

第一章 建设法规

考点 1：建设法规构成概述 ●

> **教材点睛** 教材[①]P1～2
>
> **1. 我国建设法规体系的五个层次**
>
> （1）建设法律：全国人民代表大会及其常务委员会制定通过，国家主席以主席令的形式发布。
>
> （2）建设行政法规：国务院制定，国务院常务委员会审议通过，国务院总理以国务院令的形式发布。
>
> （3）建设部门规章：住房和城乡建设部制定并颁布，或与国务院其他有关部门联合制定并发布。
>
> （4）地方性建设法规：省、自治区、直辖市人民代表大会及其常务委员会制定颁布；本地适用。
>
> （5）地方建设规章：省、自治区、直辖市人民政府以及省会（自治区首府）城市和经国务院批准的较大城市的人民政府制定颁布的；本地适用。
>
> **2. 建设法规体系各层次间的法律效力**：上位法优先原则，依次为建设法律、建设行政法规、建设部门规章、地方性建设法规、地方建设规章。

巩固练习

1.【判断题】建设法规是指国家立法机关制定的旨在调整国家、企事业单位、社会团体、公民之间，在建设活动中发生的各种社会关系的法律法规的总称。　　（　　）

2.【判断题】在我国的建设法规的五个层次中，法律效力的层级是上位法高于下位法，具体表现为：建设法律→建设行政法规→建设部门规章→地方性建设法规→地方建设规章。　　（　　）

3.【单选题】以下法规属于建设行政法规的是（　　）。

A.《工程建设项目施工招标投标办法》

B.《中华人民共和国城乡规划法》

C.《建设工程安全生产管理条例》

D.《实施工程建设强制性标准监督规定》

4.【多选题】下列属于我国建设法规体系的是（　　）。

---

① 本书上篇涉及的教材，指《机械员通用与基础知识（第三版）》，请读者结合学习。

A. 建设行政法规　　　　　　　B. 地方性建设法规

C. 建设部门规章　　　　　　　D. 建设法律

E. 地方法律

【答案】1. ×；2. √；3. C；4. ABCD

第一节　《中华人民共和国建筑法》①

考点 2：《建筑法》的立法目的

教材点睛　教材 P2

1. 《建筑法》的立法目的：加强对建筑活动的监督管理，维护建筑市场秩序，保证建筑工程的质量和安全，促进建筑业健康发展。

2. 现行《建筑法》是 2019 年修订施行的。

考点 3：从业资格的有关规定 ★ ●

教材点睛　教材 P2～5

法规依据：《建筑法》第 12 条、第 13 条、第 14 条；《建筑业企业资质标准》。

建筑业企业的资质

（1）建筑业企业资质序列：分为施工综合、施工总承包、专业承包和专业作业四个序列。【详见 P2 表 1-1】②

（2）建筑业企业资质等级：施工综合资质不分等级，施工总承包资质分为甲级、乙级两个等级，专业承包资质一般分为甲级、乙级两个等级（部分专业不分等级），专业作业资质不分等级。【详见 P2 表 1-1】

（3）承揽业务的范围

① 施工综合企业和施工总承包企业：可以承接施工总承包工程。其中建筑工程、市政公用工程施工总承包企业承包工程范围分别见表 1-2、表 1-3。【P3～4】

② 专业承包企业：可以承接具有施工综合资质和施工总承包资质的企业依法分包的专业工程或建设单位依法发包的专业工程。建筑工程、市政公用工程相关的专业承包企业承包工程的范围见表 1-4。【P4】

③ 专业作业企业：可以承接具有上述三个承包资质企业分包的专业作业。

---

① 以下简称《建筑法》。

② 指代表教材中的页码及图表号。

1. 【判断题】《建筑法》的立法目的在于加强对建筑活动的监督管理，维护建筑市场秩序，保证建筑工程的质量和安全，促进建筑业健康发展。（　　）

2. 【判断题】地基与基础工程专业乙级承包企业可承担深度不超过 24m 的刚性桩复合地基处理工程的施工。（　　）

3. 【判断题】承包建筑工程的单位只要实际资质等级达到法律规定，即可在其资质等级许可的业务范围内承揽工程。（　　）

4. 【判断题】专业作业企业可以承接具有施工综合、施工总承包、专业承包资质企业分包的专业作业。（　　）

5. 【单选题】下列各选项中，不属于《建筑法》规定约束的是（　　）。

A. 建筑工程发包与承包　　　　　　B. 建筑工程涉及的土地征用

C. 建筑安全生产管理　　　　　　　D. 建筑工程质量管理

6. 【单选题】建筑业企业资质等级，是由（　　）按资质条件把企业划分成为不同等级。

A. 国务院行政主管部门　　　　　　B. 国务院资质管理部门

C. 国务院工商注册管理部门　　　　D. 国务院

7. 【单选题】按照《建筑业企业资质管理规定》，建筑业企业资质分为（　　）四个序列。

A. 特级、一级、二级

B. 一级、二级、三级

C. 甲级、乙级、丙级

D. 施工综合、施工总承包、专业承包和专业作业

8. 【单选题】按照《建筑法》规定，建筑业企业各资质等级标准和各类别等级资质企业承担工程的具体范围，由（　　）会同国务院有关部门制定。

A. 国务院国有资产管理部门

B. 国务院建设行政主管部门

C. 该类企业工商注册地的建设行政主管部门

D. 省、自治区及直辖市建设主管部门

9. 【单选题】以下建筑装修装饰工程的乙级专业承包企业不可以承包的工程范围是（　　）。

A. 单位工程造价 3400 万元及以下建筑室内、室外装修装饰工程的施工

B. 单位工程造价 1200 万元及以下建筑室内、室外装修装饰工程的施工

C. 除建筑幕墙工程外的单位工程造价 2400 万元及以上建筑室内、室外装修装饰工程的施工

D. 单项合同额 2000 万元及以下的建筑装修装饰工程，以及与装修工程直接配套的其他工程

【答案】1. √；2. √；3. ×；4. √；5. B；6. A；7. D；8. B；9. A

考点 4：建筑安全生产管理的有关规定 ★ ●

教材点睛 教材 P5～7

法规依据：《建筑法》第 36 条、第 38 条、第 39 条、第 41 条、第 44 条～第 48 条、第 51 条。

1. 建筑安全生产管理方针：安全第一、预防为主

2. 建设工程安全生产基本制度

（1）安全生产责任制度：包括企业各级领导人员的安全职责、企业各有关职能部门的安全生产职责以及施工现场管理人员与作业人员的安全职责三个方面。

（2）群防群治制度：要求建筑企业职工在施工中应当遵守有关生产的法律、法规和建筑行业安全规章、规程，不得违章作业；对于危及生命安全和身体健康的行为有权提出批评、检举和控告。

（3）安全生产教育培训制度：安全生产，人人有责。要求全员培训，未经安全生产教育培训的人员，不得上岗作业。

（4）伤亡事故处理报告制度：事故发生时及时上报，事故处理遵循"四不放过"的原则。【P7】

（5）安全生产检查制度：是安全生产的保障，通过检查发现问题，查出隐患，采取有效措施，堵塞漏洞，做到防患于未然。

（6）安全责任追究制度：对于没有履行职责造成人员伤亡和事故损失的参建单位，视情节给予相应处理；情节严重的，责令停业整顿，降低资质等级或吊销资质证书；构成犯罪的，依法追究刑事责任。

巩固练习

1.【判断题】《建筑法》第 36 条规定，建筑工程安全生产管理必须坚持安全第一、预防为主的方针。其中"安全第一"是安全生产方针的核心。　　　　　（　　）

2.【判断题】群防群治制度是建筑生产中最基本的安全管理制度，是所有安全规章制度的核心，是安全第一、预防为主方针的具体体现。　　　　　　　（　　）

3.【单选题】建筑工程安全生产管理必须坚持安全第一、预防为主的方针。"预防为主"体现在建筑工程安全生产管理的全过程中，具体是指（　　）、事后总结。

A. 事先策划、事中控制　　　　　　　B. 事前控制、事中防范

C. 事前防范、监督策划　　　　　　　D. 事先策划、全过程自控

4.【单选题】以下关于建设工程安全生产基本制度的说法中，正确的是（　　）。

A. 群防群治制度是建筑生产中最基本的安全管理制度

B. 建筑施工企业应当对直接施工人员进行安全教育培训

C. 安全检查制度是安全生产的保障

D. 施工中发生事故时，建筑施工企业应当及时清理事故现场并向建设单位报告

5.【单选题】针对事故发生的原因，提出防止相同或类似事故发生的切实可行的预

防措施，并督促事故发生单位加以实施，以达到事故调查和处理的最终目的。此款符合"四不放过"事故处理原则的（   ）原则。

    A. 事故原因不清楚不放过   B. 事故责任者和群众没有受到教育不放过

    C. 事故责任者没有处理不放过   D. 事故隐患不整改不放过

6.【单选题】建筑施工单位的安全生产责任制主要包括各级领导人员的安全职责、（   ）以及施工现场管理人员与作业人员的安全职责三个方面。

    A. 项目经理部的安全管理职责

    B. 企业监督管理部的安全监督职责

    C. 企业各有关职能部门的安全生产职责

    D. 企业各级施工管理及作业部门的安全职责

7.【单选题】按照《建筑法》规定，鼓励企业为（   ）办理意外伤害保险，支付保险费。

    A. 从事危险作业的职工   B. 现场施工人员

    C. 全体职工   D. 特种作业操作人员

8.【多选题】建设工程安全生产基本制度包括：安全生产责任制度、群防群治制度、（   ）等方面。

    A. 安全生产教育培训制度   B. 伤亡事故处理报告制度

    C. 安全生产检查制度   D. 防范监控制度

    E. 安全责任追究制度

9.【多选题】在进行生产安全事故报告和调查处理时，必须坚持"四不放过"的原则，包括（   ）。

    A. 事故原因不清楚不放过   B. 事故责任者和群众没有受到教育不放过

    C. 事故单位未处理不放过   D. 事故责任者没有处理不放过

    E. 没有制定防范措施不放过

【答案】1. ×；2. ×；3. A；4. C；5. D；6. C；7. A；8. ABCE；9. ABDE

考点5：《建筑法》关于质量管理的规定★

| 教材点睛 | 教材P7～8 |

    法规依据：《建筑法》第52条、第54条、第55条、第58条～第62条。

    1. 建设工程竣工验收制度：是对工程是否符合设计要求和工程质量标准所进行的检查、考核工作。建筑工程竣工经验收合格后，方可交付使用；未经验收或者验收不合格的，不得交付使用。

    2. 建设工程质量保修制度：在《建筑法》规定的保修期限内，因勘察、设计、施工、材料等原因造成的质量缺陷，应当由施工承包单位负责维修、返工或更换，由责任单位负责赔偿损失。其对促进建设各方加强质量管理，保护用户及消费者的合法权益可起到重要的保障作用。

1.【判断题】在建设工程竣工验收后,在规定的保修期限内,因勘察、设计、施工、材料等原因造成的质量缺陷,应当由责任单位负责维修、返工或更换。   (   )

2.【单选题】建设工程项目的竣工验收,应当由(   )依法组织进行。

A. 建设单位   B. 建设单位或有关主管部门

C. 国务院有关主管部门   D. 施工单位

3.【单选题】在建设工程竣工验收后,在规定的保修期限内,因勘察、设计、施工、材料等原因造成的质量缺陷,应当由(   )负责维修、返工或更换。

A. 建设单位   B. 监理单位

C. 责任单位   D. 施工承包单位

4.【单选题】根据《建筑法》的规定,以下属于保修范围的是(   )。

A. 供热、供冷系统工程

B. 因使用不当造成的质量缺陷

C. 因第三方造成的质量缺陷

D. 不可抗力造成的质量缺陷

5.【单选题】建筑工程的质量保修的具体保修范围和最低保修期限由(   )规定。

A. 建设单位   B. 国务院

C. 施工单位   D. 建设行政主管部门

6.【多选题】建筑工程的保修范围应当包括(   )等。

A. 地基基础工程   B. 主体结构工程

C. 屋面防水工程   D. 电气管线

E. 使用不当造成的质量缺陷

【答案】1. ×;2. B;3. D;4. A;5. B;6. ABCD

第二节　《中华人民共和国安全生产法》①

考点6:《安全生产法》的立法目的

> **教材点睛** 教材 P8
>
> 1.《安全生产法》的立法目的:为了加强安全生产工作,防止和减少生产安全事故,保障人民群众生命和财产安全,促进经济社会持续健康发展。
>
> 2. 现行《安全生产法》是2021年修订施行的。

---

① 以下简称《安全生产法》

考点 7：生产经营单位的安全生产保障的有关规定●

> **教材点睛** 教材 P8～12
>
> 法规依据：《安全生产法》第 20 条～第 51 条。
> **1. 组织保障措施：**建立安全生产管理机构；明确岗位责任。
> **2. 管理保障措施**包括：人力资源管理、物力资源管理、经济保障措施、技术保障措施。

考点 8：从业人员的安全生产权利义务的有关规定★●

> **教材点睛** 教材 P12～13
>
> 法规依据：《安全生产法》第 28 条、第 45 条、第 52 条～第 61 条。
> **1. 安全生产中从业人员的权利：**知情权、批评权和检举、控告权、拒绝权、紧急避险权、请求赔偿权、获得劳动防护用品的权利、获得安全生产教育和培训的权利。
> **2. 安全生产中从业人员的义务：**自律遵规的义务、自觉学习安全生产知识的义务、危险报告义务。

考点 9：安全生产监督管理的有关规定

> **教材点睛** 教材 P13～14
>
> 法规依据：《安全生产法》第 62 条～第 78 条。
> **1. 安全生产监督管理部门：**《安全生产法》第 10 条规定，国务院应急管理部门对全国安全生产工作实施综合监督管理。国务院交通运输、住房和城乡建设、水利、民航等有关部门在各自的职责范围内对有关行业、领域的安全生产工作实施监督管理。
> **2. 安全生产监督管理措施：**审查批准、验收；取缔；撤销；依法处理。
> **3. 安全生产监督管理部门的职权：**监督检查不得影响被检查单位的正常生产经营活动。【详见 P14】

巩固练习

1.【判断题】施工单位的主要负责人和安全管理人员，应当缴费参加由有关部门对其安全生产知识和管理能力考核合格后方可任职。　　　　　　　　　　　　（　　）

2.【判断题】生产经营单位的特种作业人员必须按照国家有关规定参加由生产经营单位组织的安全作业培训，方可上岗作业。　　　　　　　　　　　　　　　（　　）

3.【判断题】生产经营单位应当按照国家有关规定将本单位重大危险源及有关安全措施、应急措施报有关地方人民政府建设行政主管部门备案。 （ ）

4.【判断题】从业人员发现直接危及人身安全的紧急情况时，应先把紧急情况完全排除，经主管单位允许后撤离作业场所。 （ ）

5.【判断题】《安全生产法》的立法目的是加强安全生产工作，防止和减少生产安全事故，保障人民群众生命和财产安全，促进经济社会持续健康发展。 （ ）

6.【判断题】建筑施工从业人员在一百人以下的，不需要设置安全生产管理机构或者配备专职安全生产管理人员，但应当配备兼职的安全生产管理人员。 （ ）

7.【判断题】国家对严重危及生产安全的工艺、设备实行审批制度。 （ ）

8.【判断题】某施工现场将氧气瓶仓库放在临时建筑一层东侧，员工宿舍放在二层西侧，并采取了保证安全的措施。 （ ）

9.【判断题】生产经营单位的安全生产管理人员应当根据本单位的生产经营特点，对安全生产状况进行经常性检查；对检查中发现的安全问题，应当立即报告。 （ ）

10.【判断题】生产经营单位临时聘用的钢结构焊接工人不属于生产经营单位的从业人员，所以不享有从业人员应享有的权利。 （ ）

11.【单选题】《安全生产法》主要对生产经营单位的安全生产保障、（ ）、安全生产的监督管理、生产安全事故的应急救援与调查处理四个主要方面作出了规定。

A. 生产经营单位的法律责任　　　　B. 安全生产的执行

C. 从业人员的权利和义务　　　　　D. 施工现场的安全

12.【单选题】下列关于生产经营单位安全生产保障的说法中，正确的是（ ）。

A. 生产经营单位可以将设备发包给建设单位指定认可的不具有相应资质等级的单位或个人

B. 生产经营单位的特种作业人员经过单位组织的安全作业培训方可上岗作业

C. 生产经营单位必须依法参加工伤社会保险，为从业人员缴纳保险费

D. 生产经营单位仅需要为从业人员提供劳动防护用品

13.【单选题】下列措施中，不属于生产经营单位安全生产保障措施中经济保障措施的是（ ）。

A. 保证劳动防护用品所需要的资金　　B. 保证工伤社会保险所需要的资金

C. 保证安全设施所需要的资金　　　　D. 保证员工食宿设备所需要的资金

14.【单选题】当从业人员发现直接危及人身安全的紧急情况时，有权停止作业或在采取可能的应急措施后撤离作业场所，这里的"权"是指（ ）。

A. 拒绝权　　　　　　　　　　　　　B. 批评权和检举、控告权

C. 紧急避险权　　　　　　　　　　　D. 自我保护权

15.【单选题】根据《安全生产法》的规定，生产经营单位与从业人员订立协议，免除或减轻其对从业人员因生产安全事故伤亡应依法承担的责任，该协议（ ）。

A. 无效　　　　　　　　　　　　　　B. 有效

C. 经备案后生效　　　　　　　　　　D. 效力待定

16.【单选题】根据《安全生产法》的规定，安全生产中从业人员的义务不包括（ ）。

A. 遵守安全生产规章制度和操作规程　B. 接受安全生产教育和培训

C. 安全隐患及时报告　　　　　　　　　　D. 紧急处理安全事故

17.【单选题】以下不属于生产经营单位从业人员范畴的是（　　　）。

A. 技术人员　　　　　　　　　　　　　　B. 临时聘用的钢筋工

C. 管理人员　　　　　　　　　　　　　　D. 监督部门视察的监管人员

18.【单选题】下列各项中，不属于安全生产监督检查人员义务的是（　　　）。

A. 发现安全生产违法行为予以纠正

B. 执行监督检查任务时出示监督执法证件

C. 对检查涉及的技术秘密为被检查单位保密

D. 应当忠于职守，坚持原则，秉公执法

19.【多选题】生产经营单位安全生产保障措施由（　　　）组成。

A. 经济保障措施　　　　　　　　　　　　B. 技术保障措施

C. 组织保障措施　　　　　　　　　　　　D. 法律保障措施

E. 管理保障措施

【答案】1. ×；2. ×；3. ×；4. ×；5. √；6. ×；7. ×；8. ×；9. ×；10. ×；11. C；12. C；13. D；14. C；15. A；16. D；17. D；18. A；19. ABCE

考点 10：安全事故应急救援与调查处理的规定★

教材点睛　教材 P14～16

法规依据：《安全生产法》第79条～第89条、《生产安全事故报告和调查处理条例》

1. 生产安全事故的等级划分标准（按生产安全事故造成的人员伤亡或直接经济损失划分）

（1）特别重大事故：死亡≥30人，或重伤≥100人（包括急性工业中毒，下同），或直接经济损失≥1亿元的事故；

（2）重大事故：10人≤死亡＜30人，或50人≤重伤＜100人，或5000万元≤直接经济损失＜1亿元的事故；

（3）较大事故：3人≤死亡＜10人，或10人≤重伤＜50人，或1000万元≤直接经济损失＜5000万元的事故；

（4）一般事故：死亡＜3人，或重伤＜10人，或直接经济损失的事故＜1000万元。

2. 生产安全事故报告

（1）生产经营单位发生生产安全事故后，事故现场有关人员应当立即报告本单位负责人。单位负责人接到事故报告后，应当按照国家有关规定立即如实报告当地负有安全生产监督管理职责的部门，不得隐瞒不报、谎报或者迟报，不得故意破坏事故现场、毁灭有关证据。

（2）特种设备发生事故的，还应当同时向特种设备安全监督管理部门报告。实行施工总承包的建设工程，由总承包单位负责上报事故。

3. 应急抢救工作：单位负责人接到事故报告后，应当迅速采取有效措施，组织抢救，防止事故扩大，减少人员伤亡和财产损失。

4. 事故的调查：事故调查处理应当按照科学严谨、依法依规、实事求是、注重实效的原则，及时、准确地查清事故原因，查明事故性质和责任，评估应急处置工作，总结事故教训，提出整改措施，并对事故责任者提出处理建议。

巩固练习

1.【判断题】某施工现场脚手架倒塌，造成 3 人死亡 8 人重伤，根据《生产安全事故报告和调查处理条例》规定，该事故等级属于一般事故。　　　　　　（　　）

2.【判断题】某化工厂施工过程中造成化学品试剂外泄，导致现场 15 人死亡，120 人急性工业中毒，根据《生产安全事故报告和调查处理条例》规定，该事故等级属于重大事故。　　　　　　（　　）

3.【判断题】生产经营单位发生生产安全事故后，事故现场相关人员应当立即报告施工项目经理。　　　　　　（　　）

4.【判断题】某实行施工总承包的建设工程的分包单位所承担的分包工程发生生产安全事故，分包单位负责人应当立即如实报告给当地建设行政主管部门。　　（　　）

5.【单选题】根据《生产安全事故报告和调查处理条例》规定，造成 10 人及以上 30 人以下死亡，或者 50 人及以上 100 人以下重伤，或者 5000 万元及以上 1 亿元以下直接经济损失的事故属于（　　　）。

A. 重伤事故　　　　　　　　　　B. 较大事故

C. 重大事故　　　　　　　　　　D. 死亡事故

6.【单选题】某市地铁工程施工作业面内，因大量水和流沙涌入，引起部分结构损坏及周边地区地面沉降，造成 3 栋建筑物严重倾斜，直接经济损失约合 1.5 亿元。根据《生产安全事故报告和调查处理条例》规定，该事故等级属于（　　　）。

A. 特别重大事故　　　　　　　　B. 重大事故

C. 较大事故　　　　　　　　　　D. 一般事故

7.【单选题】以下关于安全事故调查的说法中，错误的是（　　　）。

A. 重大事故由事故发生地省级人民政府负责调查

B. 较大事故的事故发生地与事故发生单位不在同一个县级以上行政区域的，由事故发生单位所在地的人民政府负责调查，事故发生地人民政府应当派人参加

C. 一般事故以下等级事故，可由县级人民政府直接组织事故调查，也可由上级人民政府组织事故调查

D. 特别重大事故由国务院或者国务院授权有关部门组织事故调查组进行调查

8.【多选题】根据生产安全事故造成的人员伤亡或者直接经济损失，以下事故等级分类正确的有（　　　）。

A. 造成 120 人急性工业中毒的事故为特别重大事故

B. 造成 8000 万元直接经济损失的事故为重大事故

C. 造成 3 人死亡 800 万元直接经济损失的事故为一般事故

D. 造成 10 人死亡 35 人重伤的事故为较大事故

E. 造成 10 人死亡 35 人重伤的事故为重大事故

9. 【多选题】国务院《生产安全事故报告和调查处理条例》规定，事故一般分为以下（ ）等级。

A. 特别重大事故　　　　　　　　B. 重大事故

C. 大事故　　　　　　　　　　　D. 一般事故

E. 较大事故

【答案】1. ×；2. ×；3. ×；4. ×；5. C；6. A；7. B；8. ABE；9. ABDE

第三节　《建设工程安全生产管理条例》《建设工程质量管理条例》

考点 11：《建设工程安全生产管理条例》★ ●

教材点睛 教材 P16～19

1. 立法目的： 加强建设工程安全生产监督管理，保障人民群众生命和财产安全。

2. 现行《建设工程安全生产管理条例》是 2004 年施行的。

3.《建设工程安全生产管理条例》关于施工单位的安全责任的有关规定

法规依据：《建设工程安全生产管理条例》第 20 条～第 38 条。

（1）施工单位有关人员的安全责任

1）施工单位主要负责人（法人及施工单位全面负责、有生产经营决策权的人）：依法对本单位的安全生产工作全面负责。

2）施工单位的项目负责人（具有建造师执业资格的项目经理）：对建设工程项目的安全全面负责。

3）专职安全生产管理人员（具有安全生产考核合格证书）：对安全生产进行现场监督检查。发现安全事故隐患，应当及时向项目负责人和安全生产管理机构报告；对于违章指挥、违章操作的，应当立即制止。

（2）总承包单位和分包单位的安全责任： 总承包单位对施工现场的安全生产负总责，分包单位应当服从总承包单位的安全生产管理；总承包单位和分包单位对分包工程的安全生产承担连带责任，但分包单位不服从管理导致生产安全事故的，由分包单位承担主要责任。

（3）安全生产教育培训

1）管理人员的考核：施工单位的主要负责人、项目负责人、专职安全生产管理人员应当经建设行政主管部门或者其他有关部门考核合格后方可任职。

2）作业人员的安全生产教育培训：日常培训、新岗位培训、特种作业人员的专业培训。

（4）施工单位应采取的安全措施：编制安全技术措施、施工现场临时用电方案和专项施工方案；实行安全施工技术交底；设置施工现场安全警示标志；采取施工现场安全防护措施；施工现场的布置应当符合安全和文明施工要求；采取周边环境防护措施；制定实施施工现场消防安全措施；加强安全防护设备、起重机械设备管理；为施工现场从事危险作业人员办理意外伤害保险。

巩固练习

1.【判断题】建设工程施工前，施工单位负责该项目管理的施工员应当对有关安全施工的技术要求向施工作业班组、作业人员作出详细说明，并由双方签字确认。（   ）

2.【判断题】施工技术交底的目的是使现场施工人员对安全生产有所了解，最大限度避免安全事故的发生。（   ）

3.【判断题】施工单位应当在施工现场入口处、施工起重机械、临时用电设施、脚手架等危险部位，设置明显的安全警示标志。（   ）

4.【单选题】以下关于专职安全生产管理人员的说法中，错误的是（   ）。

A. 施工单位安全生产管理机构的负责人及其工作人员属于专职安全生产管理人员

B. 施工现场专职安全生产管理人员属于专职安全生产管理人员

C. 专职安全生产管理人员是指经建设单位安全生产考核合格取得安全生产考核证书的专职人员

D. 专职安全生产管理人员应当对安全生产进行现场监督检查

5.【单选题】下列安全生产教育培训中不是施工单位必须做的是（   ）。

A. 施工单位主要负责人的考核

B. 特种作业人员的专门培训

C. 作业人员进入新岗位前的安全生产教育培训

D. 监理人员的考核培训

6.【单选题】《特种设备安全监察条例》规定的施工起重机械，在验收前应当经有相应资质的检验检测机构监督检验合格，施工单位应当自施工起重机械和整体提升脚手架、模板等自升式架设设施验收合格之日起（   ）日内，向建设行政主管部门或者其他有关部门登记。

A. 15
B. 30
C. 7
D. 60

7.【多选题】以下关于总承包单位和分包单位的安全责任的说法中，正确的是（   ）。

A. 总承包单位应当自行完成建设工程主体结构的施工

B. 总承包单位对施工现场的安全生产负总责

C. 经业主认可，分包单位可以不服从总承包单位的安全生产管理

D. 分包单位不服从管理导致生产安全事故的，由总承包单位承担主要责任

E. 总承包单位和分包单位对分包工程的安全生产承担连带责任

8.【多选题】根据《建设工程安全生产管理条例》，应编制专项施工方案，并附安全验算结果的分部分项工程包括（　　）。

A. 深基坑工程　　　　　　　　　　　B. 起重吊装工程

C. 模板工程　　　　　　　　　　　　D. 楼地面工程

E. 脚手架工程

9.【多选题】施工单位应当根据论证报告修改完善专项方案，并经（　　）签字后，方可组织实施。

A. 施工单位技术负责人　　　　　　　B. 总监理工程师

C. 项目监理工程师　　　　　　　　　D. 建设单位项目负责人

E. 建设单位法人

10.【多选题】施工单位使用承租的机械设备和施工机具及配件的，由（　　）共同进行验收。

A. 施工总承包单位　　　　　　　　　B. 出租单位

C. 分包单位　　　　　　　　　　　　D. 安装单位

E. 建设监理单位

【答案】1. √；2. ×；3. √；4. C；5. D；6. B；7. ABE；8. ABCE；9. AB；10. ABCD

考点 12：《建设工程质量管理条例》

教材点睛　教材 P19～21

　　1. 立法目的： 加强对建设工程质量的管理，保证建设工程质量，保护人民生命和财产安全。

　　2. 现行《建设工程质量管理条例》是 2019 年修订的。

　　3.《建设工程质量管理条例》关于施工单位的质量责任和义务的有关规定

　　法规依据：《建设工程质量管理条例》第 25 条～第 33 条。

　　（1）依法承揽工程：施工单位应依法取得相应等级的资质证书，在资质等级许可范围内承揽工程；禁止以超资质、挂靠、被挂靠等方式承揽工程；不得转包或者违法分包工程。

　　（2）施工单位的质量责任：施工单位对建设工程的施工质量负责。建设工程实行总承包的，总承包单位应当对全部建设工程质量负责；建设工程勘察、设计、施工、设备采购的一项或者多项实行总承包的，总承包单位应当对其承包的建设工程或者采购设备的质量负责；分包单位应当对其分包工程的质量向总承包单位负责，总承包单位与分包单位对分包工程的质量承担连带责任。

（3）施工单位的质量义务：按图施工；对建筑材料、构配件和设备进行检验的责任；对施工质量进行检验的责任；见证取样；保修责任。

巩固练习

1.【判断题】施工人员对涉及结构安全的试块、试件以及有关材料，应当在建设单位或者工程监理单位监督下现场取样，并送具有相应资质等级的质量检测单位进行检测。
（　　）

2.【判断题】在建设单位竣工验收合格前，施工单位应对质量问题履行返修义务。
（　　）

3.【单选题】某项目分期开工建设，开发商二期工程3、4号楼仍然复制使用一期工程施工图纸。施工时施工单位发现该图纸使用的02标准图集现已废止，按照《建设工程质量管理条例》的规定，施工单位正确的做法是（　　）。

A. 继续按图施工，因为按图施工是施工单位的本分

B. 按现行图集套改后继续施工

C. 及时向有关单位提出修改意见

D. 由施工单位技术人员修改图纸

4.【单选题】根据《建设工程质量管理条例》规定，施工单位应当对建筑材料、建筑构配件、设备和商品混凝土进行检验，下列做法不符合规定的是（　　）。

A. 未经检验的，不得用于工程中

B. 检验不合格的，应当重新检验，直至合格

C. 检验要按规定的格式形成书面记录

D. 检验要有相关的专业人员签字

5.【单选题】根据法律法规关于工程返修的规定，下列说法正确的是（　　）。

A. 对施工过程中出现质量问题的建设工程，若非施工单位原因造成的，施工单位不负责返修

B. 对施工过程中出现质量问题的建设工程，无论是否由施工单位造成，施工单位都应负责返修

C. 对竣工验收不合格的建设工程，若非施工单位原因造成的，施工单位不负责返修

D. 对竣工验收不合格的建设工程，若是施工单位原因造成的，施工单位负责有偿返修

6.【多选题】以下各项中，属于施工单位的质量责任和义务的有（　　）。

A. 建立质量保证体系

B. 按图施工

C. 对建筑材料、构配件和设备进行检验的责任

D. 组织竣工验收

E. 见证取样

【答案】1. √；2. √；3. C；4. B；5. B；6. ABCE

第四节 《中华人民共和国劳动法》《中华人民共和国劳动合同法》①

考点 13：《劳动法》《劳动合同法》立法目的

教材点睛 教材 P21

1. 《劳动法》立法目的：保护劳动者的合法权益，调整劳动关系，建立和维护适应社会主义市场经济的劳动制度，促进经济发展和社会进步。现行《劳动法》是 2018 年修订的。

2. 《劳动合同法》立法目的：完善劳动合同制度，明确劳动合同双方当事人的权利和义务，保护劳动者的合法权益，构建和发展和谐稳定的劳动关系。现行《劳动合同法》是 2013 年施行的。

考点 14：《劳动法》《劳动合同法》关于劳动合同和集体合同的有关规定 ★ ●

教材点睛 教材 P21～27

法规依据：关于劳动合同的条文见《劳动法》第 16 条～第 32 条，《劳动合同法》第 7 条～第 50 条。

关于集体合同的条文见《劳动法》第 33 条～第 35 条，《劳动合同法》第 51 条～第 56 条。

1. 劳动合同分类：分为固定期限劳动合同、无固定期限劳动合同和以完成一定工作任务为期限的劳动合同。集体合同实际上是一种特殊的劳动合同。

2. 劳动合同的订立

（1）劳动合同的类型：固定期限劳动合同、期限劳动合同、无固定期限劳动合同。

（2）应当订立无固定期限劳动合同的情况：劳动者在该用人单位连续工作满 10 年的；用人单位初次实行劳动合同制度或者国有企业改制重新订立劳动合同时，劳动者在该用人单位连续工作满 10 年且距法定退休年龄不足 10 年的；同一单位连续订立两次固定期限劳动合同的。

（3）订立劳动合同的时间限制：建立劳动关系，应当订立书面劳动合同。

3. 劳动合同无效的情况

（1）以欺诈、胁迫的手段或者乘人之危，使对方在违背真实意思的情况下订立或者变更劳动合同的。

---

① 以下分别简称《劳动法》《劳动合同法》

（2）用人单位免除自己的法定责任、排除劳动者权利的。

（3）违反法律、行政法规强制性规定的。

（4）劳动合同部分无效，不影响其他部分效力的，其他部分仍然有效。

4. 集体合同的内容与订立

（1）集体合同的主要内容包括：劳动报酬、工作时间、休息休假、劳动安全卫生、保险福利等事项，也可以就劳动安全卫生、女职工权益保护、工资调整机制等事项订立专项集体合同。

（2）集体合同的签订人：工会代表职工或由职工推举的代表。

（3）集体合同的效力：对企业和企业全体职工具有约束力。职工个人与企业订立的劳动合同中劳动条件和劳动报酬等标准不得低于集体合同的规定。

（4）集体合同争议的处理：因履行集体合同发生争议，经协商解决不成的，工会或职工协商代表可以自劳动争议发生之日起 1 年内向劳动争议仲裁委员会申请劳动仲裁；对劳动仲裁结果不服的，可以自收到仲裁裁决书之日起 15 日内向人民法院提起诉讼。

考点 15：《劳动法》关于劳动安全卫生的有关规定●

法规依据：《劳动法》第 52 条～第 57 条。

1. 劳动安全卫生的概念：指直接保护劳动者在劳动中的安全和健康的法律保护。

2. 用人单位和劳动者应当遵守的劳动安全卫生法律规定。【详见 P27】

巩固练习

1.【判断题】《劳动合同法》的立法目的，是完善劳动合同制度，建立和维护适应社会主义市场经济的劳动制度，明确劳动合同双方当事人的权利和义务，保护劳动者的合法权益，构建和发展和谐稳定的劳动关系。　　　　　　　　　　（　　）

2.【判断题】用人单位和劳动者之间订立的劳动合同可以采用书面或口头形式。
　　　　　　　　　　　　　　　　　　　　　　　　　　　　　　　　（　　）

3.【判断题】已建立劳动关系，未同时订立书面劳动合同的，应当自用工之日起一个月内订立书面劳动合同。　　　　　　　　　　　　　　　　　　　　（　　）

4.【判断题】用人单位违反集体合同，侵犯职工劳动权益的，职工可以要求用人单位承担责任。　　　　　　　　　　　　　　　　　　　　　　　　　　　（　　）

5.【单选题】下列社会关系中，属于《劳动法》调整的劳动关系的是（　　）。

A. 施工单位与某个体经营者之间的加工承揽关系

B. 劳动者与施工单位之间在劳动过程中发生的关系

C. 家庭雇佣劳动关系

D. 社会保险机构与劳动者之间的关系

6.【单选题】2005 年 2 月 1 日小李经过面试合格后，与某建筑公司签订了为期 5 年的用工合同，并约定了试用期，则试用期最迟至（   ）。

A. 2005 年 2 月 28 日   B. 2005 年 5 月 31 日

C. 2005 年 8 月 1 日   D. 2006 年 2 月 1 日

7.【单选题】甲建筑材料公司聘请王某担任推销员，双方签订劳动合同，合同中约定如果王某完成承包标准，每月基本工资 1000 元，超额部分按 40% 提成；若不完成任务，可由公司扣减工资。下列选项中表述正确的是（   ）。

A. 甲建筑材料公司不得扣减王某工资

B. 由于在试用期内，所以甲建筑材料公司的做法符合《劳动合同法》

C. 甲建筑材料公司可以扣发王某的工资，但是不得低于用人单位所在地的最低工资标准

D. 试用期内的工资不得低于本单位相同岗位的最低档工资

8.【单选题】贾某与乙建筑公司签订了一份劳动合同，在合同尚未期满时，贾某拟解除劳动合同。根据相关规定，贾某应当提前（   ）日以书面形式通知用人单位。

A. 3   B. 20

C. 15   D. 30

9.【单选题】在下列情形中，用人单位可以解除劳动合同，但应当提前 30 天以书面形式通知劳动者本人的是（   ）。

A. 小王在试用期内迟到早退，不符合录用条件

B. 小李因盗窃被判刑

C. 小张在外出执行任务时负伤，失去左腿

D. 小吴下班时间酗酒摔伤住院，出院后不能从事原工作也拒不从事单位另行安排的工作

10.【单选题】按照《劳动合同法》的规定，在下列选项中，用人单位提前 30 天以书面形式通知劳动者本人或额外支付 1 个月工资后可以解除劳动合同的情形是（   ）。

A. 劳动者患病或非工负伤在规定的医疗期满后不能胜任原工作的

B. 劳动者试用期间被证明不符合录用条件的

C. 劳动者被依法追究刑事责任的

D. 劳动者不能胜任工作，经培训或调整岗位仍不能胜任工作的

11.【单选题】王某应聘到某施工单位，双方于 4 月 15 日签订为期 3 年的劳动合同，其中约定试用期 3 个月，次日合同开始履行，同年 7 月 18 日，王某拟解除劳动合同，则（   ）。

A. 必须取得用人单位同意

B. 口头通知用人单位即可

C. 应提前 30 日以书面形式通知用人单位

D. 应报请劳动行政主管部门同意后以书面形式通知用人单位

12. 【单选题】2013 年 1 月，甲建筑材料公司聘请王某担任推销员，但 2013 年 3 月，由于王某怀孕，身体健康状况欠佳，未能完成任务，为此，公司按合同的约定扣减工资，只发生活费，其后，王某又有两个月均未能完成承包任务，因此甲建筑材料公司解除了与王某的劳动合同。下列选项中表述正确的是（　　）。

A. 由于在试用期内，甲建筑材料公司可以随时解除劳动合同

B. 由于王某不能胜任工作，甲建筑材料公司应提前 30 日通知王某，解除劳动合同

C. 甲建筑材料公司可以支付王某一个月工资后解除劳动合同

D. 由于王某在怀孕期间，所以甲建筑材料公司不能解除劳动合同

13. 【多选题】无效的劳动合同，从订立的时候起，就没有法律约束力。下列属于无效的劳动合同的有（　　）。

A. 报酬较低的劳动合同

B. 违反法律、行政法规强制性规定的劳动合同

C. 采用欺诈、威胁等手段订立的严重损害国家利益的劳动合同

D. 未规定明确合同期限的劳动合同

E. 劳动内容约定不明确的劳动合同

14. 【多选题】关于劳动合同变更，下列表述中正确的有（　　）。

A. 用人单位与劳动者协商一致，可变更劳动合同的内容

B. 变更劳动合同只能在合同订立之后、尚未履行之前进行

C. 变更后的劳动合同文本由用人单位和劳动者各执一份

D. 变更劳动合同，应采用书面形式

E. 建筑公司可以单方变更劳动合同，变更后劳动合同有效

15. 【多选题】根据《劳动合同法》，劳动者有下列（　　）情形之一的，用人单位可随时解除劳动合同。

A. 在试用期间被证明不符合录用条件的

B. 严重失职，营私舞弊，给用人单位造成重大损害的

C. 劳动者不能胜任工作，经过培训或者调整工作岗位，仍不能胜任工作的

D. 劳动者患病，在规定的医疗期满后不能从事原工作，也不能从事由用人单位另行安排的工作的

E. 被依法追究刑事责任

16. 【多选题】某建筑公司发生以下事件：职工李某因工负伤而丧失劳动能力；职工王某因盗窃自行车一辆而被公安机关给予行政处罚；职工徐某因与他人同居而怀孕；职工陈某被派往境外逾期未归；职工张某因工程重大安全事故罪被判刑。对此，建筑公司可以随时解除劳动合同的有（　　）。

A. 李某
B. 王某
C. 徐某
D. 陈某
E. 张某

17. 【多选题】在下列情形中，用人单位不得解除劳动合同的有（　　）。

A. 劳动者被依法追究刑事责任

B. 女职工在孕期、产期、哺乳期

C. 患病或者非因工负伤，在规定的医疗期内的

D. 因工负伤被确认丧失或者部分丧失劳动能力

E. 劳动者不能胜任工作，经过培训，仍不能胜任工作的

18.【多选题】下列情况中，劳动合同终止的有（　　　）。

A. 劳动者开始依法享受基本养老待遇　　B. 劳动者死亡

C. 用人单位名称发生变更　　　　　　　D. 用人单位投资人变更

E. 用人单位被依法宣告破产

【答案】1. ×；2. ×；3. √；4. ×；5. B；6. C；7. C；8. D；9. D；10. D；11. C；12. D；13. BC；14. ACD；15. ABE；16. DE；17. BCD；18. ABE

第二章 工 程 材 料

第一节 无机胶凝材料

考点 16：无机胶凝材料●

教材点睛 教材 P28～29

1. 无机胶凝材料的分类及特性

无机胶凝材料类型	适用环境	代表材料
气硬性胶凝材料	只适用于干燥环境	石灰、石膏、水玻璃
水硬性胶凝材料	既适用于干燥环境，也适用于潮湿环境及水中工程	水泥

2. 通用水泥的特性及应用【详见 P29 表 2-2】

巩固练习

1.【判断题】气硬性胶凝材料只能在空气中凝结、硬化、保持和发展强度，一般只适用于干燥环境，不宜用于潮湿环境与水中，水硬性胶凝材料则只能适用于潮湿环境与水中。　　　　　　　　　　　　　　　　　　　　　　　　　　　（　　　）

2.【判断题】用于一般土木建筑工程的水泥为通用水泥，是通用硅酸盐水泥的简称。　　　　　　　　　　　　　　　　　　　　　　　　　　　　　　（　　　）

3.【单选题】下列属于水硬性胶凝材料的是（　　　）。
A. 石灰　　　　　　　　　　　　B. 石膏
C. 水泥　　　　　　　　　　　　D. 水玻璃

4.【单选题】气硬性胶凝材料一般只适用于（　　　）环境中。
A. 干燥　　　　　　　　　　　　B. 干湿交替
C. 潮湿　　　　　　　　　　　　D. 水中

5.【单选题】下列不属于按用途和性能对水泥进行分类的是（　　　）。
A. 通用水泥　　　　　　　　　　B. 专用水泥
C. 特性水泥　　　　　　　　　　D. 多用水泥

6.【多选题】下列属于通用水泥主要技术指标的有（　　　）。
A. 细度　　　　　　　　　　　　B. 凝结时间
C. 黏聚性　　　　　　　　　　　D. 体积安定性

E. 水化热

【答案】1. ×；2. √；3. C；4. A；5. D；6. ABDE

第二节　混凝土及砂浆

考点 17：混凝土的分类、组成材料及特性●

教材点睛　教材 P29～31

1. 普通混凝土（干表观密度为 2000～2800kg/m³）的分类

普通混凝土分类一览表

按用途分类	结构混凝土、抗渗混凝土、抗冻混凝土、大体积混凝土、水工混凝土、耐热混凝土、耐酸混凝土、装饰混凝土等	普通混凝土广泛用于建筑、桥梁、道路、水利、码头、海洋等工程
按强度等级分类	普通强度混凝土（＜C60）、高强混凝土（≥C60）、超高强混凝土（≥C100）	
按施工工艺分类	喷射混凝土、泵送混凝土、碾压混凝土、压力灌浆混凝土、离心混凝土、真空脱水混凝土	

2. 混凝土的组成材料

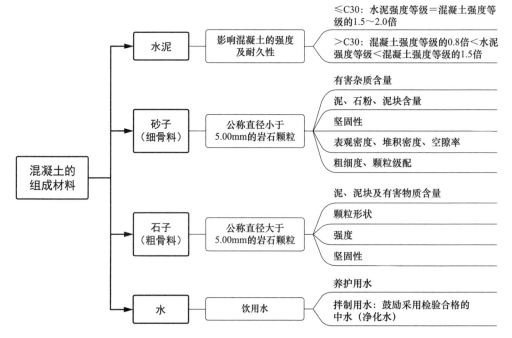

3. 混凝土的特性：强度高；可塑性好；复合力强；耐火性好；成本低廉；非均匀性；施工工期长；干缩性大；水化热高；密度大。

考点 18：砂浆的分类、组成材料及特性

教材点睛 教材 P31～32

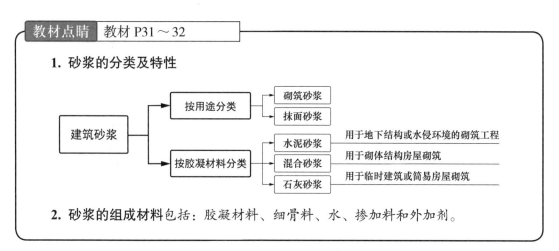

1. 砂浆的分类及特性

建筑砂浆
- 按用途分类
  - 砌筑砂浆
  - 抹面砂浆
- 按胶凝材料分类
  - 水泥砂浆 —— 用于地下结构或水侵环境的砌筑工程
  - 混合砂浆 —— 用于砌体结构房屋砌筑
  - 石灰砂浆 —— 用于临时建筑或简易房屋砌筑

2. 砂浆的组成材料 包括：胶凝材料、细骨料、水、掺加料和外加剂。

巩固练习

1.【判断题】混凝土结构的耐火能力要比钢结构强。　　　　　（　　）

2.【判断题】按强度等级，普通混凝土分为普通混凝土（＜C60）和高强混凝土（≥C60）。　　　　　（　　）

3.【判断题】水泥砂浆强度高、耐久性和耐火性好，但其流动性和保水性差。（　　）

4.【判断题】建筑砂浆按用途分为砌筑砂浆和抹面砂浆。　　　　　（　　）

5.【单选题】下列材料不是组成普通混凝土所必需的材料的是（　　　）。

A. 水泥　　　　　　　　　　　　B. 砂子

C. 水　　　　　　　　　　　　　D. 外加剂或掺合料

6.【单选题】混凝土的特性不包括（　　　）。

A. 强度高　　　　　　　　　　　B. 可塑性好

C. 均匀性好　　　　　　　　　　D. 耐火性好

7.【单选题】下列不属于水泥砂浆的特性的是（　　　）。

A. 强度高　　　　　　　　　　　B. 耐久性好

C. 流动性好　　　　　　　　　　D. 耐火性好

8. 砂浆的组成材料不包括（　　　）。

A. 粗骨料　　　　　　　　　　　B. 胶凝材料

C. 细骨料　　　　　　　　　　　D. 水、掺合料和外加剂

9.【多选题】下列材料是组成普通混凝土所必需的材料的是（　　　）。

A. 水泥　　　　　　　　　　　　B. 砂子

C. 石子　　　　　　　　　　　　D. 水

E. 外加剂或掺合料

【答案】1. √；2. ×；3. √；4. √；5. D；6. C；7. C；8. A；9. ABCD

第三节 石材、砖和砌块

考点19：石材、砖和砌块●

教材点睛 教材 P32～33

1. 石材的分类及应用

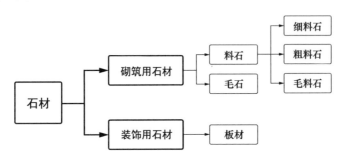

砌筑用石材主要用于建筑物基础、挡土墙等，也可用于建筑物墙体。

2. 砖的分类、主要技术要求及应用

（1）烧结砖的品种及用途

1）烧结普通砖：主要用于砌筑建筑物的内墙、外墙、柱、烟囱和窑炉。目前，禁止使用黏土实心砖，可使用黏土多孔砖和空心砖。

2）烧结多孔砖：优等品可用于墙体装饰和清水墙砌筑，一等品和合格品可用于混水墙，中等泛霜的砖不得用于潮湿部位。

3）烧结空心砖：用于多层建筑内隔墙或框架结构的填充墙等。

（2）非烧结砖的用途

常用的非烧结砖有：蒸压灰砂砖、蒸压粉煤灰砖、炉渣砖、混凝土砖。以上均可用于工业与民用建筑的墙体和基础砌筑。除混凝土砖以外，均不得用于长期受热200℃以上、受急冷、急热或有侵蚀的环境。

3. 砌块的分类及应用

我国常用的砌块：蒸压加气混凝土砌块、普通混凝土小型空心砌块、石膏砌块等。

巩固练习

1.【判断题】砌筑用石材主要用于建筑物基础、挡土墙等。 （ ）

2.【判断题】烧结空心砖主要用作非承重墙，如多层建筑内隔墙或框架结构的填充墙等。 （ ）

3.【单选题】砌筑用石材分类不包括（ ）。

A. 毛料石   B. 细料石

C. 板材   D. 粗料石

4.【单选题】砌墙砖按规格、孔洞率及孔的大小分类不包括（　　）。

A. 空心砖 　　　　　　　　　　B. 多孔砖

C. 实心砖 　　　　　　　　　　D. 普通砖

5.【单选题】目前我国常用的砌块不包括（　　）。

A. 黏土砌块 　　　　　　　　　B. 蒸压加气混凝土砌块

C. 石膏砌块 　　　　　　　　　D. 普通混凝土小型空心砌块

6.【单选题】下列关于烧结砖的分类、主要技术要求及应用的说法中，正确的是（　　）。

A. 强度、抗风化性能和放射性物质合格的烧结普通砖，根据尺寸偏差、外观质量、泛霜和石灰爆裂等指标，分为优等品、一等品、合格品三个等级

B. 强度和抗风化性能合格的烧结空心砖，根据尺寸偏差、外观质量、孔型及孔洞排列、泛霜、石灰爆裂等指标，分为优等品、一等品、合格品三个等级

C. 烧结多孔砖主要用作非承重墙，如多层建筑内隔墙或框架结构的填充墙

D. 在对安全性要求低的建筑中，烧结空心砖可以用于承重墙体

7.【多选题】砌筑用石材的特性有（　　）。

A. 抗拉强度高 　　　　　　　　B. 抗压强度高

C. 耐久性好 　　　　　　　　　D. 抗冻性好

E. 抗水性好

【答案】1. √；2. √；3. C；4. C；5. A；6. A；7. BCDE

第四节　钢　　材

考点 20：钢材●

教材点睛　教材 P34～39

1. 钢材的分类及特性

（1）钢材的分类【见 P34～35 表 2-3】

（2）钢号表示方法

1）碳素结构钢和低合金高强度结构钢牌号由四部分组成

| ① Q+强度值 | + | ② 质量等级 | + | ③ 脱氧方式 | + | ④ 用途、特性、工艺方法 |

2）优质碳素结构钢和优质碳素弹簧钢由五部分组成

| ① 平均含碳量 | + | ② Mn | + | ③ 质量等级 | + | ④ 脱氧方式 | + | ⑤ 用途、特性、工艺方法 |

3）合金结构钢和合金弹簧钢由四部分组成

①平均含碳量 + ②合金元素含量 + ③脱氧方式 + ④用途、特性、工艺方法

（3）几种常用钢材的特性

1）碳素钢：含碳量越高则硬度越高，强度也越高，但塑性较低。

2）碳素结构钢：

① Q195、Q215、Q235：钢中碳的质量分数低，焊接性能好，塑性、韧性好，有一定强度，用于建造桥梁、建筑等结构和制造普通铆钉、螺钉、螺母等零件。

② Q255 和 Q275：钢中碳的质量分数稍高，强度较高，塑性、韧性较好，可进行焊接。通常轧制成型钢、条钢和钢板作结构件以及制造简单机械的连杆、齿轮、联轴节、销等零件。

3）优质结构钢：主要用于制造机器零件。

4）碳素工具钢：用于制造各种刃具、模具、量具。

5）易切削结构钢：用于各种刀具的制作。

6）合金钢

7）普通低合金钢：强度比较高，综合性能比较好，并具有耐腐蚀、耐磨、耐低温性能以及较好的切削性能、焊接性能等。

8）工程结构用合金钢包括可焊接的高强度合金结构钢、合金钢筋钢、铁道用合金钢、地质石油钻探用合金钢、压力容器用合金钢、高锰耐磨钢等。

9）机械结构用合金钢主要包括常用的合金结构钢和合金弹簧钢两大类。

10）合金结构钢易于淬硬且不易变形或开裂，便于热处理和改善钢的性能，用于制造汽车、拖拉机、船舶、汽轮机、重型机床的各种传动件和紧固件。

2. 一般机械零件的选材原则：使用性能原则；工艺性能原则；经济性原则。

巩固练习

1. 【判断题】一般碳钢中含碳量越低则硬度越高，强度也越高，塑性越好。（   ）

2. 【判断题】Q235BZ 表示屈服点值＜ 235MPa、质量等级为 B 级、脱氧方式为镇静钢的碳素结构钢。 （   ）

3. 【单选题】下列不是碳素钢按含碳量分类的是（   ）。

A. 低碳钢   B. 合金钢

C. 中碳钢   D. 高碳钢

4. 【单选题】低碳钢的含碳量不高于（   ）。

A. 0.6%   B. 0.25%

C. 0.15%   D. 0.1%

5.【单选题】高碳钢的含碳量（　　　）。

A. ＜0.25%

B. 0.25%～0.60%

C. ＞0.60%

D. ＞0.25%

6.【单选题】Q235BZ 表示（　　　）、质量等级为 B 级的镇静碳素结构钢。

A. 强度设计值≥235MPa

B. 比例极限值≥235MPa

C. 抗拉强度值≥235MPa

D. 屈服点值≥235MPa

7.【多选题】下列属于碳素钢按含碳量分类的有（　　　）。

A. 低碳钢

B. 普通优质钢

C. 中碳钢

D. 高碳钢

E. 优质碳素钢

8.【多选题】对于一般机械零件，其材料选用原则包括（　　　）。

A. 力学性能原则

B. 使用性能原则

C. 工艺性能原则

D. 经济性原则

E. 物理性能原则

【答案】1. ×；2. ×；3. B；4. B；5. C；6. D；7. ACD；8. BCD

第三章　工程图识读

第一节　三　视　图

考点 21：三视图 ●

教材点晴 教材 P40～41

1. 三视图的形成

（1）主视图——从物体的前方向后投影，也称正投影面 V。

（2）俯视图——从物体的上方向下投影，也称水平投影面 H。

（3）左视图——从物体的左侧向右侧投影，也称侧投影面 W。

（4）将 V、H 和 W 三个投影面摊在同一平面上，形成三视图。

2. 三视图的投影规律

（1）主、俯视图长对正；主、左视图高平齐；俯、左视图宽相等。

（2）主视图反映了物体上、下、左、右的方位；俯视图反映了物体前、后、左、右的方位；左视图反映了物体上、下、前、后的方位。

巩固练习

1.【判断题】在工程识图中，从物体的前方向后投影，在投影面上得到的视图称为主视图。　　　　　　　　　　　　　　　　　　　　　　　　　　　　　（　　）

2.【判断题】在三视图中，主视图反映了物体的长度和宽度。　　　　　　（　　）

3.【单选题】下列对三视图的投影规律描述正确的是（　　　）。

A. 主俯视图宽相等　　　　　　　　　B. 主左视图宽相等

C. 俯左视图高平齐　　　　　　　　　D. 主俯视图长对正

4.【单选题】左视图反映了物体（　　　）的方向尺寸。

A. 长和高　　　　　　　　　　　　　B. 长和宽

C. 宽和高　　　　　　　　　　　　　D. 前和后

5.【单选题】从物体的前方向后投影，在正投影面上得到的图形是（　　　）。

A. 左视图　　　　　　　　　　　　　B. 主视图

C. 剖视图　　　　　　　　　　　　　D. 断面图

6.【多选题】下列符合三视图的投影规律的有（　　　）。

A. 主、俯视图长对正　　　　　　　　B. 主、左视图高平齐

C. 俯、左视图长对正　　　　　　　　D. 俯、左视图宽相等

E. 主、俯视图高平齐

【答案】1. √；2. ×；3. D；4. C；5. B；6. ABD

第二节　房屋建筑施工图的基本知识

考点 22：房屋建筑施工图的作用及组成●

| 教材点睛 | 教材 P41～43 |

1. 建筑施工图的组成及作用

（1）建筑施工图的组成：建筑设计说明、建筑总平面图、建筑平面图、建筑立面图、建筑剖面图及建筑详图等。

（2）建造房屋时，建筑施工图主要作为定位放线、砌筑墙体、安装门窗及装修施工的依据。

2. 结构施工图的组成及作用

（1）结构施工图的组成：结构设计说明、结构平面布置图和结构详图三部分。

（2）结构施工图的作用：是施工放线、开挖基坑（槽），施工承重构件（如梁、板、柱、墙、基础、楼梯等）结构施工的依据。

3. 设备施工图的作用

设备施工图的作用是给水排水、供电照明、供暖通风、空调、燃气工程等各专业施工的依据。

考点 23：房屋建筑施工图的图示特点及制图标准相关规定●

| 教材点睛 | 教材 P43～47 |

1. 房屋建筑施工图的图示特点

（1）施工图中的图样用正投影法绘制。

（2）施工图绘制比例较小，对于需要表达清楚的节点、剖面等部位，则需用较大比例进行绘制。

（3）建筑构配件、卫生设备、建筑材料等图例采用国家统一标准标注。

2. 制图标准相关规定

（1）常用建筑材料图例。【详见 P43～44 表 3-1】

（2）图线。【详见 P45 表 3-2】

（3）尺寸标注形式。【详见 P45 图 3-4；P46～47 表 3-3】

（4）标高：① 建筑施工图中的标高采用相对标高，以建筑物地上部分首层室内地面作为相对标高的 ±0.000 点。地上部分标高为正数，地下部分标高为负数。② 标高单位除建筑总平面图以米为单位外，其余一律以毫米为单位。③ 在建筑施工图中的标高数字表示其完成面的数值。

1.【判断题】房屋建筑施工图是工程设计阶段的最终成果，同时也是工程施工、监理和工程造价的主要依据。 （ ）

2.【判断题】结构平面布置图是为了清楚地表示某些重要构件的结构做法。（ ）

3.【单选题】按照内容和作用不同，下列不属于房屋建筑施工图的是（ ）。

A. 建筑施工图　　　　　　　　　B. 结构施工图

C. 设备施工图　　　　　　　　　D. 系统施工图

4.【单选题】下列各项中，不属于设备施工图的是（ ）。

A. 给水排水施工图　　　　　　　B. 供暖通风与空调施工图

C. 基础详图　　　　　　　　　　D. 电气设备施工图

5.【单选题】下列各项中，不属于建筑立面图表达的是（ ）。

A. 建筑物的地理位置和周围环境　B. 门窗位置及形式

C. 外墙面装修做法　　　　　　　D. 房屋的外部造型

6.【单选题】下列作为定位放线、砌筑墙体、安装门窗、装修的依据的是（ ）。

A. 设备施工图　　　　　　　　　B. 建筑施工图

C. 结构平面布置图　　　　　　　D. 结构施工图

7.【多选题】下列关于建筑制图的线型及其应用的说法中，正确的有（ ）。

A. 平、剖面图中被剖切的主要建筑构造（包括构配件）的轮廓线用粗实线绘制

B. 建筑平、立、剖面图中的建筑构配件的轮廓线用中粗实线绘制

C. 建筑立面图或室内立面图的外轮廓线用中粗实线绘制

D. 拟建、扩建建筑物的轮廓线用中粗虚线绘制

E. 预应力钢筋线在建筑结构图中用粗单点长画线绘制

【答案】1. √；2. ×；3. D；4. C；5. A；6. B；7. ABD

第三节　建筑施工图的图示方法及内容

考点 24：建筑施工图的图示方法及内容●

教材点睛　教材 P47～56

1. 建筑总平面图

（1）建筑总平面图的图示方法：是新建房屋所在地域一定范围内的水平投影图。

（2）总平面图的主要图示内容及作用

1）新建建筑物的定位：① 按原有建筑物或原有道路定位；② 按测量坐标或建筑坐标定位。

2）标高：在总平面图中，标高以"米"为单位，并保留至小数点后两位。

3）指北针或风玫瑰图：用来确定新建房屋的朝向。

4）建筑红线：是各地方自然资源部门提供给建设单位的土地使用范围，任何建筑物在设计和施工中均不能超过此线。

5）管道布置与绿化规划。

2. 建筑平面图

（1）建筑平面图的图示方法：相当于建筑物的水平剖面图，反映建筑物内各层的布置情况；被剖切到的墙、柱断面轮廓线用粗实线绘制，其余可见的轮廓线用中实线或细实线绘制，尺寸标注和标高符号均用细实线绘制，定位轴线用细单点长画线绘制。砖墙一般不画图例，钢筋混凝土的柱和墙的断面通常涂黑表示。

（2）建筑平面图的图示内容。【详见 P50～52】

3. 建筑立面图

（1）建筑立面图的图示方法：建筑物主要外墙面的正投影图（立面图），一般按朝向＋立面图两端轴线编号命名；立面图的最外轮廓线为粗实线，建筑构件及门窗轮廓线用中粗实线，其余轮廓线均为细实线，地坪线为加粗实线。

（2）建筑立面图的图示内容。【详见 P53】

4. 建筑剖面图

（1）建筑剖面图的图示方法：相当于建筑物的竖向剖面图，反映建筑物高度方向的结构形式；被剖切到的墙、板、梁等构件断面的轮廓线用粗实线表示；没有被剖切到的轮廓线用细实线表示。

（2）建筑剖面图的图示内容。【详见 P54】

5. 建筑详图

建筑详图：包括内外墙节点、楼梯、电梯、厨房、卫生间、门窗、室内外装饰等。

巩固练习

1.【判断题】建筑总平面图是将拟建工程一定范围内的新建、拟建、原有和将拆除的建筑物、构筑物连同其周围的地形地物状况，用正投影方法画出的图样。　　（　　）

2.【判断题】建筑平面图中凡是被剖切到的墙、柱断面的轮廓线用粗实线绘制，其余可见的轮廓线用中实线或细实线绘制，尺寸标注和标高符号均用细实线绘制，定位轴线用细单点长画线绘制。　　　　　　　　　　　　　　　　　　　　　（　　）

3.【单选题】下列关于建筑总平面图的图示内容的说法中，正确的是（　　）。

A. 新建建筑物的定位一般采用两种方法，一是按原有建筑物或原有道路定位，二是按坐标定位

B. 在总平面图中，标高以"米"为单位，并保留至小数点后三位

C. 新建房屋所在地区风向情况的示意图即为风玫瑰图，风玫瑰图不可用于表明房屋和地物的朝向情况

D. 临时建筑物在设计和施工中可以超过建筑红线

4.【单选题】下列关于建筑剖面图和建筑详图的基本规定的说法中，错误的是（　　）。

A. 建筑剖面图一般表示房屋在高度方向的结构形式

B. 建筑剖面图中高度方向的尺寸包括总尺寸、内部尺寸和细部尺寸

C. 建筑剖面图中不能详细表示清楚的部位应引出索引符号，另用详图表示

D. 需要绘制详图或局部平面放大的位置包括内外墙节点、楼梯、电梯、厨房、卫生间、门窗、室内外装饰等

5.【单选题】建筑总平面图的主要内容不包括（　　）。

A. 新建建筑物的定位　　　　　　　　B. 标高

C. 指北针或风玫瑰图　　　　　　　　D. 外墙节点

6.【多选题】下列有关建筑平面图的图示内容的表述中，不正确的有（　　）。

A. 定位轴线的编号宜标注在图样的下方与右侧，横向编号应用阿拉伯数字，从左至右顺序编写，竖向编号应用大写拉丁字母，从上至下顺序编写

B. 对于隐蔽的或者在剖切面以上部位的内容，应用虚线表示

C. 建筑平面图上的外部尺寸在水平方向和竖直方向各标注三道尺寸

D. 建筑平面图上标注的标高均应为绝对标高

E. 屋面平面图的一般内容有：女儿墙、檐沟、屋面坡度、分水线与落水口、变形缝、楼梯间、水箱间、天窗、上人孔、消防梯以及其他构筑物、索引符号等

【答案】1. ×；2. √；3. A；4. B；5. D；6. AD

第四节　基本体三视图

考点 25：基本体三视图 ●

教材点晴　教材 P57～59

1. 平面立体（每个面都是平面）

（1）棱柱：由上下两个多边形和若干矩形的侧面所围成。上下两面投影为多边形，其他面投影均为矩形。

（2）棱锥：由一个底面和几个侧棱面组成。底面的投影为多边形，各个侧棱面的投影均为三角形。

2. 曲面立体（立体至少有一个面为曲面）

（1）圆柱：由圆柱面和两底面组成。上下底面投影为圆形，圆柱面投影为矩形。

（2）圆锥：由母线绕与它相交的轴线旋转而成。俯视图是一个圆，主视图、左视图是两个全等的三角形。

（3）球体：由一圆（母线）围绕直径回转而成。三视图分别为三个直径和球体的直径相等的圆形。

（4）圆环体：由环面围成的。俯视图为圆环，其他视图为两端为半圆的矩形。

第五节　组合体相邻表面的连接关系和基本画法

考点 26：组合体绘制 ●

教材点睛 教材 P59～64

1. 组合体：按其形成方式分为叠加（叠合、相切和相交）和切割两类。

2. 组合体的组合形式及其绘图规律

（1）叠合：指两个基本体的表面互相重合。在三视图绘制中，凡是可视的线条均应在叠合面上画出。

（2）相切：指两个基本体的表面光滑过渡。如相切处没有轮廓线，则视图上也不必绘制。

（3）相交：指两个基本体的表面相交。视图上应画出交线的投影。

3. 组合体视图基本画法

（1）形体分析法绘图步骤：形体分析→确定主视图→定比例及图幅→布置视图位置→绘制底稿→检查、加深。

（2）线面分析法绘图步骤：形体分析→线面分析→选择主视图→定比例及图幅→布图、画基准线→绘制各基本形体的三视图→绘制铅垂面→检查、描深。

巩固练习

1.【判断题】平面立体的每个面都是曲面，曲面立体至少有一个面为平面。（　　　）

2.【判断题】组合体按其形成方式分为叠加和切割两类。（　　　）

3.【单选题】下列不属于曲面立体的是（　　　）。

A. 球体　　　　　　　　　　B. 圆锥

C. 棱锥　　　　　　　　　　D. 圆柱

4.【单选题】圆环体的俯视图为（　　　）。

A. 矩形　　　　　　　　　　B. 圆环

C. 三角形　　　　　　　　　D. 球形

5.【单选题】组合体的叠加不包括（　　　）。

A. 相切　　　　　　　　　　B. 叠合

C. 相交　　　　　　　　　　D. 平行

6.【单选题】形体分析法绘图步骤不包括（　　　）。

A. 绘制铅垂面   B. 形体分析

C. 确定主视图   D. 布置视图位置

7.【单选题】确定主视图时，首先要考虑组合体的（　　）。

A. 投影面   B. 形状大小

C. 不可见轮廓线   D. 安放位置

8.【多选题】线面分析法绘图步骤包括（　　）。

A. 形体分析   B. 线面分析

C. 选择主视图   D. 定比例及图幅

E. 绘制底稿

【答案】1. ×；2. √；3. C；4. B；5. D；6. A；7. D；8. ABCD

第六节　机械零件图及装配图的绘制

考点 27：机械零件及装配图绘制★

教材点睛 教材 P65～67

1. 机械零件图

（1）完整的零件图应包括：标题栏；一组图样（视图、剖面图、规定画法和简化画法等）；必要的尺寸；技术要求。

（2）零件图绘制步骤：确定视图方案、图幅→确定各视图的位置→画各视图的轮廓线→画视图上的各细节→完成轮廓图，并进行标注。

2. 装配图

（1）完整的装配图应包括：一组图样（视图和剖面图）；必要尺寸；技术要求；明细表和标题栏。

技术要求的主要内容包括：① 装配过程中的注意事项和装配后应满足的要求等；② 实验和检验方法；③ 镀涂、焊接、形位公差等方面的文字说明；④ 安装和使用方面的要求。

（2）绘制步骤和方法（同机械零件制图）。

巩固练习

1.【判断题】一张完整的零件图由一组图样和必要的尺寸组成。 （　　）

2.【判断题】装配图中明细栏中的编号与装配图中零、部件序号必须一致。（　　）

3.【单选题】表示机器或部件的图样称为（　　）。

A. 零件图   B. 装配图

C. 轴测图   D. 三视图

4.【单选题】表示机器、部件规格或性能尺寸的是（　　　）。

A. 规格（性能）尺寸   B. 装配尺寸

C. 安装尺寸   D. 外形尺寸

5.【单选题】表示机器或部件外形轮廓的大小，即总长、总宽和总高的尺寸是（　　　）。

A. 规格（性能）尺寸   B. 装配尺寸

C. 安装尺寸   D. 外形尺寸

6.【多选题】机械图是制造零件和装配机器的主要依据，常用的两种机械图是（　　　）。

A. 配件图   B. 零件图

C. 构件图   D. 装配图

E. 拆装图

【答案】1. ×；2. √；3. B；4. A；5. D；6. BD

第七节 房屋建筑施工图的识读

考点 28：施工图的识读

教材点睛 教材 P67～68

1. 施工图识读方法

（1）总揽全局：先阅读建筑施工图，建立起建筑物的轮廓概念；其次阅读结构施工图目录，对图样数量和类型做到心中有数；再阅读结构设计说明，了解工程概况及所采用的标准图等；最后粗读结构平面图，了解构件类型、数量和位置。

（2）循序渐进：根据投影关系、构造特点和图纸顺序，从前往后、从上往下、从左往右、由外向内、由大到小、由粗到细反复阅读。

（3）相互对照：识读施工图时，应当图样与说明对照看，建施图、结施图、设施图对照看，基本图与详图对照看。

（4）重点细读：以不同工种身份，有重点地细读施工图，掌握施工必需的重要信息。

2. 施工图识读步骤：阅读图纸目录→阅读设计总说明→通读图纸→精读图纸。

巩固练习

1.【判断题】施工图识读要根据投影关系、构造特点和图纸顺序，从前往后、从上往下、从左往右、由外向内、由大到小、由粗到细反复阅读。   （　　　）

2.【单选题】施工图识读步骤不包括（　　　）。

A. 阅读图纸目录   B. 阅读设计总说明

C. 通读图纸   D. 粗读图纸

3. 【单选题】下列关于施工图识读方法的说法中，正确的是（   ）。

A. 先阅读结构施工图目录　　　　　B. 先阅读结构设计说明

C. 先粗读结构平面图　　　　　　　D. 先阅读建筑施工图

4. 【多选题】施工图识读的主要方法有（   ）。

A. 走马观花　　　　　　　　　　　B. 总揽全局

C. 循序渐进　　　　　　　　　　　D. 相互对照

E. 重点细读

【答案】1. √；2. D；3. D；4. BCDE

第四章 建筑施工技术

第一节 地基与基础工程

考点 29：基坑（槽）开挖、支护及回填方法 ●

教材点睛 教材 P69～71

1. 基坑（槽）开挖

（1）施工工艺流程：测量放线→切线分层开挖→排水/降水→修坡→平整→验槽。

（2）在地下水位以下挖土时，应在基坑（槽）四周挖好临时排水沟和集水井，或采用井点降水，将水位降低至坑（槽）底以下 500mm，方可开挖。

（3）基坑开挖时，应经常对平面控制桩、水准点、基坑平面位置、水平标高、边坡坡度等进行复测检查。

（4）采用机械开挖基坑时，为避免地基扰动，在基底标高以上预留 15～30cm 厚的土层由人工挖掘修整。

（5）基坑挖完后进行验槽，当发现地基土质与地质勘探报告不符时，应及时与有关人员研究处理。

2. 基坑支护

（1）钢板桩支护施工：具有施工速度快、可重复使用的特点。常用材料有 U 形、Z 形、直腹板式、H 形和组合式钢板桩。常用施工机械有自由落锤、气动锤、柴油锤、振动锤。

（2）水泥土桩墙施工：将地基软土和水泥强制搅拌形成水泥土，利用水泥和软土之间产生的物理化学反应，使软土硬化成整体，形成有一定强度的挡土、防渗墙。

（3）地下连续墙施工：用特制的挖槽机械，在泥浆护壁下开挖一个单元槽段的沟槽，清底后放入钢筋笼，用导管浇筑混凝土至设计标高，如此逐段施工，用特制的接头将各段连接起来，形成连续的钢筋混凝土墙体。地下连续墙可用作支护结构，也可用作建筑物的承重结构。

3. 土方回填压实

（1）施工工艺流程：填方土料处理→基底处理→分层回填压实→回填土试验检验合格后继续回填。

（2）土料要求与含水量控制：常用土料有符合压实要求的黏性土、碎石类土、砂土和爆破石渣，淤泥和淤泥质土不能用作填料。土料含水量一般以手握成团，落地开花为适宜。

（3）基底处理：清除基底上垃圾、草皮、树根，排除坑穴中积水、淤泥和杂物。

（4）回填土压实操作：采用分层铺填。

1. 【判断题】普通土的现场鉴别方法为用镐挖掘。 （　　）

2. 【判断题】坚石和特坚石的现场鉴别方法都可以使用爆破方法。 （　　）

3. 【单选题】下列关于基坑（槽）开挖施工工艺的说法中，正确的是（　　）。

A. 采用机械开挖基坑（槽）时，为避免破坏基底土，应在标高以上预留 15～50cm 的土层由人工挖掘修整

B. 基坑（槽）采用井点降水，将水位降低至坑（槽）底以下 500mm，以利于土方开挖

C. 雨期施工时，基坑（槽）需全段开挖，尽快完成

D. 当基坑（槽）挖好后不能立即进行下道工序时，应预留 30 cm 的土不挖，待下道工序开始再挖至设计标高

4. 【单选题】应在基坑（槽）四侧或两侧挖好临时排水沟和集水井，或采用井点降水，将水位降低至坑（槽）底以下（　　）mm，以利于土方开挖。

A. 600 　　　　　　　　　　　　　　B. 500

C. 400 　　　　　　　　　　　　　　D. 300

5. 【单选题】下列不属于常用钢板桩的是（　　）钢板桩。

A. U 形 　　　　　　　　　　　　　B. Z 形

C. 直腹板式 　　　　　　　　　　　D. 非组合式钢板桩

6. 【单选题】当打夯机械夯实填土时，每层铺土厚度最多不得超过（　　）mm。

A. 100 　　　　　　　　　　　　　　B. 250

C. 350 　　　　　　　　　　　　　　D. 500

7. 【多选题】下列关于土方回填压实的基本规定中，正确的是（　　）。

A. 碎石类土、砂土和爆破石渣（粒径不大于每层铺土厚度的 2/3）可用作各层填料

B. 人工填土每层虚铺厚度，用人工木夯夯实时不大于 25cm，用打夯机械夯实时不大于 30cm

C. 铺土应分层进行，每次铺土厚度不大于 30～50cm（视所用压实机械的要求而定）

D. 当填方基底为耕植土或松土时，应将基底充分夯实和碾压密实

E. 机械填土时一般尽量采取横向或纵向分层卸土，以利于行驶时初步压实

【答案】1. ×；2. √；3. B；4. B；5. D；6. D；7. CDE

考点 30：混凝土基础施工

教材点睛 教材 P71～73

1. 混凝土基础施工工艺流程

测量放线→基坑开挖，验槽→混凝土垫层施工→钢筋绑扎→支基础模板→浇基础混凝土

2. 钢筋混凝土扩展基础（独立基础、条形基础）施工要点

（1）基坑验槽完成后，应尽快进行垫层混凝土施工，以保护地基。

（2）先支模后绑扎钢筋，模板支设要求牢固，无缝隙。

（3）钢筋绑扎完成后，做好隐蔽验收工作。

（4）混凝土浇筑前，模板内的垃圾、杂物应清除干净；木模板应浇水湿润。

（5）混凝土宜分段分层浇筑，每层厚度不超过500mm，各段各层间应互相衔接2～3m，逐段逐层呈阶梯形推进；混凝土应连续浇筑，以保证结构良好的整体性。

3. 筏形基础（梁板式、平板式）、箱形基础施工要点

（1）当基坑开挖危及邻近建（构）筑物、道路及地下管线的安全与使用时，开挖也应采取支护措施。

（2）基础长度超过40m时，宜设置施工缝，缝宽不宜小于80cm。在施工缝处，钢筋必须贯通。

（3）基础混凝土应采用同一品种水泥、掺合料、外加剂和同一配合比。

巩固练习

1.【判断题】钢筋混凝土扩展基础施工工艺中不含测量放线。　　　（　　）

2.【单选题】下列关于钢筋混凝土扩展基础混凝土浇筑的做法，错误的是（　　）。

A. 混凝土分层浇筑，每层厚度不超过500mm

B. 混凝土自由倾落高度不宜超过3m

C. 各层各段间应相互衔接，呈阶梯形推进

D. 混凝土应连续浇筑

3.【多选题】下列关于筏形基础的说法，正确的是（　　）。

A. 筏形基础分为梁板式和平板式

B. 基坑开挖完成并经验收后，应进行晾槽

C. 回填应由两侧向中间进行，并分层夯实

D. 机械开挖土方时应保留200～300mm土由人工挖除

E. 基础长度超过40m时宜设置施工缝

【答案】1. ×；2. B；3. ADE

第二节　砌体工程

考点31：砌体工程●

1. 砌体工程的类型包括：砖砌体、石砌体、砌块砌体、配筋砌体。

2. 砖砌体施工要点

（1）找平、放线：砌筑前，在基础防潮层或楼面上先用水泥砂浆或细石混凝土找平，然后在龙门板上以定位钉为标志，弹出墙的轴线、边线，定出门窗洞口位置。

（2）摆砖：校对放出的墨线在门窗洞口、附墙垛等处是否符合砖的模数，以尽可能减少砍砖，并使砌体灰缝均匀（砖缝10mm），组砌得当。

（3）立皮数杆：一般立于房屋的四大角、内外墙交接处、楼梯间以及洞口等部位，间距10～15m。皮数杆应有两个方向用斜撑或锚钉加以固定，每次砌砖前应用水准仪校正标高，检查皮数杆的垂直度和牢固程度。

（4）盘角、砌筑：盘角时主要大角不宜超过5皮砖，且应随砌随盘，做到"三皮一吊，五皮一靠"，对照皮数杆检查无误后，才能挂线砌筑中间墙体。砌筑时要挂线砌筑，一砖墙单面挂线，一砖半以上砖墙宜双面挂线。

（5）清理、勾缝：砌筑完成后，应及时清理墙面和落地灰。墙面勾缝宜采用砌筑砂浆随砌随勾缝，灰缝深度1cm，砌完整个墙体后，再用细砂拌制1:1.15的水泥砂浆勾缝。

（6）楼层轴线引测：根据龙门板上标注的轴线位置将轴线引测到房屋的外墙基上，二层以上各层墙的轴线，可用经纬仪或锤球引测到楼层上，同时根据图纸的轴线尺寸用钢尺进行校核。

（7）楼层标高的控制：其方法有两种，一种采用皮数杆控制，另一种在墙角两点弹出50水平线进行控制。

3. 砌块砌体施工要点

（1）基层处理：清理砌筑基层，用砂浆找平，拉线，用水平尺检查其平整度。

（2）砌底部实心砖：在砌第一皮加气砖前，应用实心砖砌筑，高度宜小于200mm。

（3）拉准线、铺灰、依准线砌筑；灰缝厚度宜为15mm，灰缝要求横平竖直，水平灰缝应饱满；竖缝采用挤浆和加浆方法，不得出现透明缝，严禁用水冲洗灌缝。

（4）埋墙拉筋：与钢筋混凝土柱（墙）的连接，可在混凝土柱（墙）上打入$2\phi6$@500的膨胀螺栓，然后在膨胀螺栓上焊接$\phi6$的钢筋，埋入加气砖墙体1000mm。

（5）砌块整砖砌至梁底，待一周后，采用灰砂砖斜砌顶紧。

4. 毛石砌体施工要点

（1）砂浆用水泥砂浆或水泥混合砂浆，一般用铺浆法砌筑，灰缝厚度应符合要求，且砂浆饱满。毛料石和粗料石砌体的灰缝厚度不大于20mm，细料石砌体的灰缝厚度不大于5mm。

（2）毛石砌体宜分皮卧砌，且按内外搭接，上下错缝，拉结石、丁砌石交错设置的原则组砌，不得采用外面侧立石块，中间填心的砌筑方法。每日砌筑高度不超过1.2m，在转角处及交接处应同时砌筑或留斜槎。

（3）外观要求整齐的毛石墙面，外皮石材需适当加工。毛石墙的第一皮及转角、交接处和洞口处，及每个楼层砌体的最上一皮，应用料石或较大的平毛石砌筑。

（4）平毛石砌筑，第一皮大面向下，以后各皮上下错缝内外搭接，墙中不应放铲口石和全部对合石，毛石墙必须设置拉结石，拉结石应均匀分布、相互错开，每 0.7m² 墙面至少设置一块，且同皮内的中距不大于 2m。

（5）毛石挡土墙一般按 3～4 皮为一个分层高度砌筑，每砌一个分层高度应找平一次；毛石挡土墙外露面灰缝厚度不大于 40mm，两个分层高度间分层处的错缝不大于 80mm；对于中间毛石砌筑的料石挡土墙，丁砌料石深入中间毛石部分的长度应不小于 200mm；挡土墙的泄水孔若无设计规定，应按每米高度上间隔 2m 设置一个。

巩固练习

1.【判断题】根据砌筑主体的不同，砌体工程可分为砖砌体工程、砌块砌体工程、配筋砌体工程。 （　　）

2.【判断题】常用的石砌体有料石砌体、毛石砌体、毛石混凝土砌体。 （　　）

3.【单选题】下列砌体工程中，不符合按砌筑主体分类的是（　　）。

A. 砖砌体工程　　　　　　　　　　B. 砌块砌体工程

C. 石砌体工程　　　　　　　　　　D. 混凝土砌体工程

4.【单选题】下列关于砌块砌体施工工艺的基本规定中，正确的是（　　）。

A. 灰缝厚度宜为 15mm

B. 严禁用水冲洗清理灌缝

C. 墙体底部实心砖的砌筑高度不小于 200mm

D. 砌块整砖砌至梁底，待 14d 后用灰砂砖斜砌顶紧

5.【单选题】与梁的接触处待加气砖砌完（　　）周后采用灰砂砖斜砌顶紧。

A. 1　　　　　　　　　　　　　　　B. 2

C. 3　　　　　　　　　　　　　　　D. 4

6.【单选题】下列关于毛石砌体施工工艺的基本规定中，错误的是（　　）。

A. 毛石料和粗石料砌体的灰缝厚度不宜大于 10mm，细石料砌体的灰缝厚度不宜小于 10mm

B. 施工工艺流程为：施工准备→试排摆底→砌筑毛石（同时搅拌砂浆）→勾缝→检验评定

C. 每日砌筑高度不宜超过 1.2m，在转角处及交接处应同时砌筑，如不能同时砌筑时，应留斜槎

D. 毛石挡土墙一般按 3～4 皮为一个分层高度砌筑，每砌一个分层高度应找平一次

7.【单选题】下列关于砖砌体的施工工艺过程，正确的是（　　）。

A. 找平、放线、摆砖样、盘角、立皮数杆、砌筑、勾缝、清理、楼层标高控制、楼层轴线标引等

B. 找平、放线、摆砖样、立皮数杆、盘角、砌筑、清理、勾缝、楼层轴线标引、楼

层标高控制等

C. 找平、放线、摆砖样、立皮数杆、盘角、砌筑、勾缝、清理、楼层轴线标引、楼层标高控制等

D. 找平、放线、立皮数杆、摆砖样、盘角、挂线、砌筑、勾缝、清理、楼层标高控制、楼层轴线标引

8.【多选题】以下关于砖砌体施工工艺的基本规定中，正确的是（　　）。

A. 皮数杆一般立于房屋的四大角、内外墙交接处、楼梯间以及洞口多的部位，可每隔 5～10m 立一根

B. 一般在房屋外纵墙方向摆顺砖，在山墙方向摆丁砖，砖与砖之间留 10mm 缝隙

C. 盘角时主要大角不宜超过 5 皮砖，且应随起随盘，做到"三皮一吊，五皮一靠"

D. 各层标高除立皮数杆控制外，还可弹出室内水平线进行控制

E. 加浆勾缝系指在砌筑几皮砖以后，先在灰缝处划出 2cm 深的灰槽

【答案】1. ×；2. √；3. D；4. B；5. A；6. A；7. B；8. BCD

第三节　钢筋混凝土工程

考点 32：常见模板种类 ●

教材点睛 教材 P76～78

1. 组合式模板，具有通用性强、装拆方便、周转使用次数多等特点；常见形式有组合钢模板、钢框木（竹）胶合板模板两种。

2. 工具式模板，是针对工程结构构件的特点，研制开发的可持续周转使用的专用性模板；包括大模板、滑动模板、爬升模板、飞模、模壳等。

3. 永久性模板，一次性消耗模板，是在结构构件混凝土浇筑后模板不拆除，并构成构件受力或非受力的组成部分；包括压型钢板模板、预应力混凝土薄板模板。

考点 33：钢筋工程施工工艺 ●

教材点睛 教材 P78～82

1. 钢筋加工：包括除锈、调直、切断、弯曲成型等工序。加工质量需满足设计及规范要求。

2. 钢筋的连接

（1）钢筋连接的方法分为三类：绑扎搭接、焊接和机械连接。其中，受拉钢筋的直径大于 25mm 及受压钢筋的直径大于 28mm 时，不宜采用绑扎搭接方式。

（2）钢筋绑扎搭接施工要点：同一构件中相邻纵向受力钢筋的绑扎搭接接头宜相互

错开；纵向受拉钢筋搭接长度不应小于300mm，纵向受压钢筋搭接长度不应小于200mm。

（3）钢筋焊接连接方法：钢筋电阻点焊、钢筋电弧焊、钢筋电渣压力焊。

（4）钢筋机械连接方法：套筒挤压连接、锥螺纹套筒连接、镦粗直螺纹套筒连接、滚压直螺纹套筒连接（直接滚压螺纹、压肋滚压螺纹、剥肋滚压螺纹）。

3. 钢筋安装施工

（1）钢筋绑扎准备

1）核对成品钢筋的钢号、直径、形状、尺寸和数量等是否与料单料牌相符。

2）准备绑扎用的钢丝（20～22号）、绑扎工具、绑扎架、水泥砂浆垫块或塑料卡等辅助材料、工具。

（2）基础钢筋绑扎施工要点

1）钢筋网的绑扎：单层网片及双层网片的下层网片，钢筋弯钩应朝上；双层网片的上层网片，钢筋弯钩朝下。钢筋交叉点应根据设计要求扎牢到位，注意相邻绑扎点铁丝扣成八字形布置。

2）双层钢筋网上下层之间应设置钢筋支撑，钢筋支撑间距1m，钢筋直径根据设计板厚确定。

3）柱插筋位置要准确，固定牢固。

（3）柱钢筋绑扎施工要点

1）柱中的竖向钢筋搭接绑扎时，角部钢筋的弯钩应与模板成45°（多边形柱为模板内角的平分角、圆形柱应与模板切线垂直）。中间钢筋的弯钩应与模板成90°。

2）箍筋接头应交错布置在四角纵向钢筋上；箍筋转角与纵向钢筋交叉点均应扎牢，绑扣间成八字形。

3）下层柱的钢筋露出楼面部分，宜用工具式柱箍收紧固定；当柱截面有变化时，其下层柱钢筋的露出部分必须在绑扎梁的钢筋之前先行收缩准确。

4）框架梁、牛腿及柱帽等钢筋，应放在柱的纵向钢筋内侧。

（4）墙钢筋绑扎施工要点

1）墙垂直钢筋（直径大于12mm）每段长度不宜超过4m或6m，水平钢筋每段长度不宜超过8m。

2）墙的钢筋网绑扎同基础，钢筋的弯钩应朝向混凝土内。

3）采用双层钢筋网时，在两层钢筋间应设置撑铁（$\phi6\sim\phi10@1000$），撑铁高度等于两层网片的净距。

（5）梁、板钢筋绑扎施工要点

1）单向受力板，应先铺设平行于短边方向的受力钢筋，后铺设平行于长边方向的分布钢筋；双向受力板，应先铺设平行于短边方向的受力钢筋，后铺设平行于长边方向的受力钢筋。

2）板上部的负筋、主筋与分布钢筋的相交点必须全部绑扎，并垫上保护层垫块；采用双层钢筋时，两层钢筋之间应设撑铁，管线应在负筋绑扎前预埋。

教材点睛 教材 P78～82（续）

3）板、次梁与主梁交叉处，板的钢筋在上，次梁的钢筋居中，主梁的钢筋在下；当有圈梁或垫梁时，主梁的钢筋在上。

4）板上部负筋，双层钢筋上部钢筋，雨篷、挑檐、阳台等悬臂板钢筋，应采取防踩踏措施进行保护。

（6）植筋施工：在钢筋混凝土结构上钻孔，注入胶粘剂，植入钢筋，待其固化。植筋效果等同预埋筋。

巩固练习

1.【判断题】HPB300 钢筋末端应作 180° 弯钩，其弯弧内直径不应小于钢筋直径的 3 倍。　　　　　　　　　　　　　　　　　　　　　　　　（　　）

2.【判断题】钢筋作不大于 90° 的弯折时，弯折处的弯弧内直径不应小于钢筋直径的 5 倍。　　　　　　　　　　　　　　　　　　　　　　　　（　　）

3.【判断题】板、次梁与主梁交叉处，当有圈梁或垫梁时，主梁的钢筋在下。
　　　　　　　　　　　　　　　　　　　　　　　　　　　　　（　　）

4.【单选题】下列不属于组合式模板的是（　　）。
A. 平面模板　　　　　　　　　　B. 阴角模板
C. 阳角模板　　　　　　　　　　D. 滑动模板

5.【多选题】下列各项中，属于钢筋加工工序的是（　　）。
A. 钢筋除锈　　　　　　　　　　B. 钢筋调直
C. 钢筋切断　　　　　　　　　　D. 钢筋冷拉
E. 钢筋弯曲成型

【答案】1. ×；2. √；3. ×；4. D；5. ABCE

考点 34：混凝土工程施工工艺

教材点睛 教材 P82～84

1. 混凝土工程施工工艺流程：混凝土拌合料的制备→运输→浇筑→振捣→养护。

2. 混凝土拌合料的运输

（1）运输要求：能保持混凝土的均匀性，不离析、不漏浆；浇筑点坍落度检测符合设计配合比要求；应在混凝土初凝前浇入模板并捣实完毕；保证混凝土浇筑能连续进行。

（2）运输时间。【详见 P83 表4-3】

（3）运输方案及运输设备：多采用混凝土搅拌运输车运输；在工地内混凝土运输可选用"泵送"或"塔式起重机＋料斗"两种方式。

教材点睛 教材 P82～84（续）

3. 混凝土浇筑施工要求

（1）基本要求

1）混凝土应连续作业，分层浇筑，分层捣实，但两层混凝土浇捣时间间隔不应超过规范规定。

2）浇筑竖向结构混凝土前，应底部浇筑 50～100mm 厚与混凝土内砂浆同配合比的水泥砂浆（接浆处理）；浇筑高度超过 2m 时，应采用溜槽或串筒下料。

3）浇筑过程中应观察模板及其支架、钢筋、埋设件和预留孔洞的情况，当发现变形或位移应立即处理。

（2）混凝土振捣：根据结构特点选用适用的振捣机械振捣混凝土，尽快将拌合物中的空气振出。振捣机械按其作业方式可分为：插入式振动器、表面振动器、附着式振动器和振动台。

4. 混凝土养护

（1）养护方法：自然养护（洒水养护、喷洒塑料薄膜养生液养护）、蒸汽养护、蓄热养护等。

（2）混凝土必须养护至其强度达到 1.2MPa 以上，方可上人、作业。

巩固练习

1.【判断题】混凝土拌合料运到浇筑地点时应具有设计配合比所规定的坍落度。
（　　）

2.【判断题】混凝土必须养护至其强度达到 1.2MPa 以上，才准在上面行人和架设支架、安装模板。
（　　）

3.【单选题】混凝土浇水养护的时间，对采用硅酸盐水泥、普通硅酸盐水泥或矿渣硅酸盐水泥拌制的混凝土，混凝土浇水养护的时间不得少于（　　）天。

A. 7
B. 10
C. 5
D. 14

【答案】1. √；2. √；3. A

第四节　钢结构工程

考点 35：钢结构工程●

教材点睛 教材 P84～87

1. 钢结构的主要连接方法

（1）焊接连接：常用方法有手工电弧焊、埋弧焊、气体保护焊。

（2）螺栓连接：常用方法有普通螺栓连接、高强度螺栓连接、自攻螺钉连接、铆钉连接。

2. 钢结构安装施工工艺要点

（1）吊装施工：吊点采用四点绑扎，绑扎点应用软材料垫保护；起吊时，先将钢构件吊离地面50cm左右对准安装位置中心，然后将钢构件吊至需连接位置，对准预留螺栓孔就位；将螺栓穿入孔内，初拧固定，垂直度校正后终拧螺栓固定。

（2）钢构件螺栓连接施工要点

1）钢构件拼装前应检查清除飞边、毛刺、焊接飞溅物等，摩擦面应保持干燥，不得在雨中作业。

2）根据设计要求复核螺栓的规格和螺栓号；将螺栓自由穿入孔内，不得强行敲打，不得气割扩孔。

3）应从螺栓群中央按顺序向外施拧，当天需终拧完毕；对于大型节点，当螺栓数量较多时，则需要增加一道复拧工序，复拧扭矩仍等于初拧的扭矩，以保证螺栓均达到初拧值。

4）施拧采用电动扭矩扳手，按拧紧力矩的50%进行初拧，然后按100%拧紧力矩进行终拧；拧紧时对螺母施加顺时针力矩，对梅花头施加递时针力矩，终拧至栓杆端部断颈拧掉梅花头为止。

5）高强度螺栓上、下接触面处加有1/20以上斜度时应采用垫圈垫平。高强度螺栓不得兼作安装螺栓；高强度螺栓孔必须采用机械钻孔，中心线倾斜度不得大于2mm。

（3）钢构件焊接连接施工要点

1）焊接区表面及其周围20mm范围内，应当彻底清除待焊处表面的氧化皮、锈、油污、水分等污物。

2）施焊前，焊工应复核焊接件的接头质量和焊接区域的坡口、间隙、钝边等的处理情况。

3）厚度12mm以下的板材可不开坡口焊；厚度较大的板需开坡口焊，一般采用手工打底焊。

4）多层焊时，一般每层焊高为4～5mm；填充层总厚度低于母材表面1～2mm，不得熔化坡口边；盖面层应使焊缝对坡口熔宽每边熔宽3mm±1mm。

5）不应在焊缝以外的母材上打火引弧。

巩固练习

1.【判断题】铆钉连接按照铆接应用情况，可以分为活动铆接、固定铆接、密缝铆接。　　　　　　　　　　　　　　　　　　　　　　　（　　）

2.【判断题】高强度螺栓连接按受力机理分为摩擦型高强度螺栓连接和承压型高强度螺栓连接。　　　　　　　　　　　　　　　　　　　　（　　）

3. 【判断题】钢结构吊点采用四点绑扎时,绑扎点应用软材料垫至其中,以防钢构件受损。　　　　　　　　　　　　　　　　　　　　　　　　　　（　　）

4. 【单选题】钢结构的连接方法不包括（　　　）。

A. 绑扎连接　　　　　　　　　　　　B. 焊接

C. 螺栓连接　　　　　　　　　　　　D. 铆钉连接

5. 【单选题】下列关于高强度螺栓的拧紧问题,说法错误的是（　　　）。

A. 高强度螺栓连接的拧紧应分初拧、终拧

B. 对于大型节点应分初拧、复拧、终拧

C. 复拧扭矩应大于初拧扭矩

D. 扭剪型高强度螺栓拧紧时对螺母施加逆时针力矩

6. 【单选题】下列焊接方法中,不属于钢结构工程常用的是（　　　）。

A. 自动（半自动）埋弧焊　　　　　　B. 闪光对焊

C. 药皮焊条手工电弧焊　　　　　　　D. 气体保护焊

7. 【单选题】下列关于钢结构安装施工要点的说法中,正确的是（　　　）。

A. 钢构件拼装前应检查清除飞边、毛刺、焊接飞溅物,摩擦面应保持干燥、整洁,采取相应防护措施后,可在雨中作业

B. 螺栓应能自由穿入孔内,不能自由穿入时,可采用气割扩孔

C. 起吊时先将钢构件吊离地面 50cm 左右,使钢构件中心对准安装位置中心

D. 高强度螺栓可兼作安装螺栓

8. 【多选题】下列关于钢结构安装施工要点的说法中,错误的是（　　　）。

A. 起吊时先将钢构件吊离地面 30cm 左右,使钢构件中心对准安装位置中心

B. 高强度螺栓上、下接触面处加有 1/15 以上斜度时应采用垫圈垫平

C. 施焊前,焊工应检查焊接件的接头质量和焊接区域的坡口、间隙、钝边等的处理情况

D. 厚度大于 12～20mm 的板材,单面焊后,背面清根,再进行焊接

E. 焊道两端加引弧板和熄弧板,引弧和熄弧焊缝长度应大于等于 150mm

【答案】1. √; 2. √; 3. √; 4. A; 5. C; 6. B; 7. C; 8. ABE

第五节　防　水　工　程

考点 36:防水砂浆防水施工工艺●

教材点睛 教材 P87～89

1. 防水砂浆防水属于刚性防水,分为刚性多层抹面水泥砂浆防水、掺防水剂水泥砂浆防水、聚合物水泥砂浆防水三种类型。

2. 常用防水剂分为氯化物金属盐类和金属皂两类。防水剂掺量占水泥质量的 3%～5%。

3. 防水施工环境温度为 5～35℃，在结构变形、沉降稳定后进行。为防止裂缝，可在防水层内增设金属网片。

4. 基层处理：清理干净表面、浇水湿润、补平表面蜂窝孔洞，使基层表面平整、坚实、粗糙，以增加防水层与基层间的粘结力。

5. 防水砂浆应分层施工，每层养护凝固或阴干后，方可进行下一层施工。

6. 防水砂浆防水层完工并待其强度达到要求后，应进行检查，以防水层不渗水为合格。

考点 37：防水混凝土施工工艺●

1. 防水混凝土防水层属于刚性防水层；选材要求：水泥强度等级不低于 42.5MPa，水化热低、抗水性好，保水性好，有一定抗侵蚀性的水泥品种；粗骨料粒径 5～30mm 的碎石，平均粒径 0.4mm 的中砂；制备要求：水灰比不大于 0.6，坍落度不大于 50mm，水泥用量在 320～400kg/m³，砂率取 35%～40%。

2. 模板施工要求：模板拼缝严密，保证不漏浆；贯穿墙体的对拉螺栓，要加止水片，拆模后沿混凝土结构边缘将螺栓割断，刷防锈漆。

3. 钢筋施工要求：迎水面防水混凝土的钢筋保护层厚度不得小于 50mm；钢筋以及绑扎铁丝均不得接触模板；若采用铁马凳架设钢筋时，应在铁马凳上加焊止水环。

4. 混凝土施工要求：严格分层连续浇筑，每层厚度不宜超过 300～400mm，机械振捣密实，浇筑自由落下高度不得超过 1.5m；在常温下，混凝土终凝后（一般浇筑后 4～6h），其表面覆盖草袋，浇水养护，防水混凝土养护时间不少于 14d；防水混凝土结构拆模时，结构表面与周围气温的温差不应过大（一般不大于 15℃）。

5. 施工缝施工要求：底板混凝土应连续浇筑，不得留施工缝；墙体一般只允许留水平施工缝，其位置一般宜留在高出底板上表面不小于 500mm 的墙身上，如必须留设垂直施工缝时，则应留在结构变形缝处；施工缝浇筑混凝土前，应将施工缝处混凝土凿毛，清除浮粒和杂物，用水清洗干净并保持湿润，再铺上一层厚 20～500mm 与混凝土成分相同的水泥砂浆。

考点 38：涂料防水工程施工工艺●

1. 防水涂料防水层属于柔性防水层。常用的防水涂料有橡胶沥青类防水涂料、聚氨酯防水涂料、硅橡胶防水涂料、丙烯酸酯防水涂料、沥青类防水涂料等。

2. 找平层施工：包括水泥砂浆找平层、沥青砂浆找平层、细石混凝土找平层三种，施工要求密实平整，找好坡度。找平层的种类及施工要求见表 4-5【P90～91】。

3. 防水层施工

（1）涂刷基层处理剂：涂刷时应用刷子用力薄涂，使涂料尽量刷进基层表面的毛细孔，并将基层可能留下的少量灰尘等无机杂质，与基层牢固结合。

（2）涂刷防水涂料：施工方法有刮涂、刷涂和机械喷涂。

（3）铺设胎体增强材料：胎体增强材料可以是单一品种的；也可以采用玻璃纤维布和聚酯纤维布混合使用，一般下层采用聚酯纤维布，上层采用玻璃纤维布。施工方法可采用湿铺法或干铺法铺贴。在涂刷第二遍涂料时，或第三遍涂料涂刷前可加铺胎体增强材料。

（4）收头处理：所有收头均应用密封材料压边，压边宽度不得小于10mm，收头处的胎体增强材料应裁剪整齐，不得出现翘边、皱折、露白等现象。

4. 保护层种类：包括水泥砂浆、泡沫塑料、细石混凝土和砖墙四种，施工要求不得损坏防水层。

考点 39：卷材防水工程施工工艺 ●

教材点睛 教材 P92

1. 卷材防水材料：沥青防水卷材、高聚物改性沥青防水卷材。

2. 材料检验：防水卷材及配套材料应有产品合格证书和性能检测报告，材料进场后需进行材料复试。

3. 防水层施工要点

（1）找平层表面应坚固、洁净、干燥。

（2）基层处理剂应采用与卷材性能配套（相容）的材料，或采用同类涂料的底子油。

（3）铺贴高分子防水卷材时，切忌拉伸过紧，以免使卷材长期处在受拉应力状态，加速卷材老化。

（4）胶粘剂涂刷与粘合的间隔时间，受胶粘剂本身性能、气温、湿度的影响，要根据试验、经验确定。

（5）卷材搭接缝结合面应清洗干净，均匀涂刷胶粘剂后，要控制好胶粘剂涂刷与粘合的间隔时间，粘合时要排净接缝间的空气，辊压粘牢。接缝口应采用宽度不小于10mm 的密封材料封严，以确保防水层的整体防水性能。

巩固练习

1.【判断题】防水砂浆防水层是依靠增加防水层厚度和提高砂浆层的密实性来达到防水要求。   （   ）

2.【判断题】卷材防水应采用沥青防水卷材或高聚物改性沥青防水卷材。（　　）

3.【单选题】下列关于防水砂浆防水层施工的说法中，正确的是（　　）。

A. 砂浆防水是分层分次施工，相互交替抹压密实的封闭防水整体

B. 背水面基层的防水层采用五层做法，迎水面基层的防水层采用四层做法

C. 防水层每层应连续施工，素灰层与砂浆层可不在同一天施工完毕

D. 揉浆既保护素灰层又起到防水作用，当揉浆难时，允许加水稀释

4.【单选题】下列关于涂料防水层施工的说法中，正确的是（　　）。

A. 湿铺法是在铺第三遍涂料涂刷时，边倒料、边涂刷、边铺贴的操作方法

B. 对于流动性差的涂料，为便于抹压，可以采用分条间隔施工的方法，条带宽为800～1000mm

C. 胎体增强材料混合使用时，一般下层采用玻璃纤维布，上层采用聚酯纤维布

D. 所有收头均应用密封材料压边，压边宽度不得小于20mm

5.【单选题】下列关于卷材防水施工的说法中，错误的是（　　）。

A. 铺设防水卷材前应涂刷基层处理剂，基层处理剂应用与卷材性能相容的材料

B. 铺贴高分子防水卷材时，切忌拉伸过紧，以免使卷材长期处在受拉应力状态，易加速卷材老化

C. 施工工艺流程为：找平层施工→防水层施工→保护层施工→质量检查

D. 卷材搭接接缝口应采用宽度不小于20mm的密封材料封严，以确保防水层的整体防水性能

6.【多选题】下列关于涂料防水质量检查的说法中，正确的是（　　）。

A. 找平层表面平整度的允许偏差为5mm

B. 涂料防水层不得有渗漏或积水现象，其检验方法为：雨后或淋水、蓄水检验

C. 防水涂料和胎体增强材料必须符合设计要求，检验方法为检查出厂合格证和质量检验报告

D. 涂料防水层的平均厚度应符合设计要求，最小厚度不应小于设计厚度的80%

E. 找平层分格缝的位置和间距应符合设计要求，其检验方法为观察检查

【答案】1. √；2. √；3. A；4. B；5. D；6. ABD

第五章　施工项目管理

第一节　施工项目管理的内容及组织

考点 40：施工项目管理的特点及内容

教材点睛　教材 P93～94

1. 施工项目管理的特点：① 主体是建筑企业；② 对象是施工项目；③ 管理内容是按阶段变化的；④ 要求是强化组织协调工作。

2. 施工项目管理的内容（八个方面）：① 建立施工项目管理组织；② 编制施工项目管理规划；③ 施工项目的目标控制；④ 施工项目的生产要素管理；⑤ 施工项目的合同管理；⑥ 施工项目的信息管理；⑦ 施工现场的管理；⑧ 组织协调。

考点 41：施工项目管理的组织机构★

教材点睛　教材 P94～98

1. 施工项目管理组织的主要形式：直线式、职能式、矩阵式、事业部式等。

2. 施工项目经理部：由企业授权，在施工项目经理的领导下建立的项目管理组织机构，是施工项目的管理层，其职能是对施工项目实施阶段进行综合管理。

（1）项目经理部的性质：相对独立性、综合性、临时性。

（2）建立施工项目经理部的基本原则

1）根据所设计的项目组织形式设置。

2）根据施工项目的规模、复杂程度和专业特点设置。

3）根据施工工程任务需要调整。

4）适应现场施工的需要。

（3）项目经理部部门设置（5 个基本部门）：经营核算部、技术管理部、物资设备供应部、质量安全部、安全后勤部。

（4）项目部岗位设置及职责

1）项目部设置最基本的六大岗位：施工员、质量员、安全员、资料员、造价员、测量员，其他还有材料员、标准员、机械员、劳务员等。

2）岗位职责

① 施工项目经理：施工项目的最高责任人和组织者，是决定施工项目盈亏的关键性角色。

教材点睛 教材 P94～98（续）

② 项目技术负责人：在项目部经理的领导下，负责项目部施工生产、工程质量、安全生产和机械设备管理等工作。

③ 施工员、质量员、安全员、资料员、造价员、测量员、材料员、标准员、机械员、劳务员都是项目的专业人员，是施工现场的管理者。

（5）项目经理部的解体：企业工程管理部门是项目经理部解体善后工作的主管部门，主要负责项目在保修期间问题的处理，包括因质量问题造成的返（维）修、工程剩余价款的结算以及回收等。

巩固练习

1.【判断题】施工项目管理是指建筑企业运用系统的观点、理论和方法对施工项目进行的决策、计划、组织、控制、协调等全过程的全面管理。　　　　　　　（　　）

2.【判断题】施工现场包括红线以内占用的建筑用地和施工用地以及临时施工用地。
　　　　　　　　　　　　　　　　　　　　　　　　　　　　　　　　　　（　　）

3.【单选题】下列关于施工项目管理的特点，说法错误的是（　　　　）。

A. 对象是施工项目　　　　　　　　B. 主体是建设单位

C. 内容是按阶段变化的　　　　　　D. 要求强化组织协调工作

4.【单选题】下列选项中，不属于施工项目管理组织的主要形式的是（　　　　）。

A. 直线式　　　　　　　　　　　　B. 线性结构式

C. 矩阵式　　　　　　　　　　　　D. 事业部式

5.【单选题】下列选项中，不属于项目经理部性质的是（　　　　）。

A. 法律强制性　　　　　　　　　　B. 相对独立性

C. 综合性　　　　　　　　　　　　D. 临时性

6.【单选题】下列选项中，不属于建立施工项目经理部的基本原则的是（　　　　）。

A. 根据所设计的项目组织形式设置

B. 适应现场施工的需要

C. 满足建设单位关于施工项目目标控制的要求

D. 根据施工工程任务需要调整

7.【多选题】下列选项中，不属于施工项目管理的内容的是（　　　　）。

A. 建立施工项目管理组织　　　　　B. 编制《施工项目管理目标责任书》

C. 施工项目的生产要素管理　　　　D. 施工项目的施工情况的评估

E. 施工项目的信息管理

【答案】1. √；2. ×；3. B；4. B；5. A；6. C；7. BD

第二节　施工项目目标控制

考点 42：施工项目目标控制 ★

教材点睛　教材 P98～104

1. 施工项目目标控制：主要包括施工项目进度控制、质量控制、成本控制、安全控制四个方面。

2. 施工项目目标控制的任务

（1）施工项目进度控制的任务：编制最优的施工进度计划；检查施工实际进度情况，对比计划进度，动态控制施工进程；出现偏差，分析原因和评估影响度，制定调整措施。

（2）施工项目质量控制的任务：准备阶段编制施工技术文件，制定质量管理计划和质量控制措施，进行施工技术交底；施工阶段对实施情况进行监督、检查和测量，找出存在的质量问题，分析质量问题的成因，采取补救措施。

（3）施工项目成本控制的任务：开工前预测目标成本，编制成本计划；项目实施过程中，收集实际数据，进行成本核算；对实际成本和计划成本进行比较，如果发生偏差，应及时进行分析，查明原因，并及时采取有效措施，不断降低成本。将各项生产费用控制在所规定的标准和预算之内，以保证实现规定的成本目标。

（4）施工项目安全控制的任务（包括职业健康、安全生产和环境管理）

1）职业健康管理的主要任务：制定并落实职业病、传染病的预防措施；为员工配备必要的劳动保护用品，按要求购买保险；组织员工进行健康体检，建立员工健康档案等。

2）安全生产管理的主要任务：制定安全管理制度、编制安全管理计划和安全事故应急预案；识别现场的危险源，采取措施预防安全事故；进行安全教育培训、安全检查，提高员工的安全意识和素质。

3）环境管理的主要任务：规范现场的场容环境，保持作业环境的整洁卫生；预防环境污染事件，减少施工对周围居民和环境的影响等。

3. 施工项目目标控制的措施

（1）施工项目进度控制的措施：组织措施、技术措施、合同措施、经济措施和信息管理措施等。

（2）施工项目质量控制的措施：提高管理、施工及操作人员素质；建立完善的质量保证体系；加强原材料质量控制；提高施工的质量管理水平；确保施工工序的质量；加强施工项目的过程控制（"三检"制）。

（3）施工项目安全控制的措施：安全制度措施、安全组织措施、安全技术措施【详见 P102 表 5-1、表 5-2】

（4）施工项目成本控制的措施：组织措施、技术措施、经济措施、合同措施。

1.【判断题】项目质量控制贯穿于项目施工的全过程。 （　　）

2.【判断题】安全管理的对象是生产中一切人、物、环境、管理状态，安全管理是一种动态管理。 （　　）

3.【单选题】施工项目的劳动组织不包括（　　）。

A. 劳务输入 　　　　　　　　　　B. 劳动力组织

C. 劳务队伍的管理 　　　　　　　D. 劳务输出

4.【单选题】施工项目目标控制包括：施工项目进度控制、施工项目质量控制、（　　）、施工项目安全控制四个方面。

A. 施工项目管理控制 　　　　　　B. 施工项目成本控制

C. 施工项目人力控制 　　　　　　D. 施工项目物资控制

5.【单选题】下列各项中，不属于施工项目质量控制的措施的是（　　）。

A. 提高管理、施工及操作人员自身素质

B. 提高施工的质量管理水平

C. 尽可能采用先进的施工技术、方法和新材料、新工艺、新技术，保证进度目标实现

D. 加强施工项目的过程控制

6.【单选题】施工项目过程控制中，加强专项检查，包括自检、（　　）、互检。

A. 专检 　　　　　　　　　　　　B. 全检

C. 交接检 　　　　　　　　　　　D. 质检

7.【单选题】下列各项中，不属于施工项目安全控制的措施的是（　　）。

A. 组织措施 　　　　　　　　　　B. 技术措施

C. 管理措施 　　　　　　　　　　D. 制度措施

8.【单选题】下列各项中，不属于施工准备阶段的安全技术措施的是（　　）。

A. 技术准备 　　　　　　　　　　B. 物资准备

C. 资金准备 　　　　　　　　　　D. 施工队伍准备

9.【多选题】下列关于施工项目目标控制的措施说法，错误的是（　　）。

A. 建立完善的工程统计管理体系和统计制度属于信息管理措施

B. 主要有组织措施、技术措施、合同措施、经济措施和管理措施

C. 落实施工方案，在发生问题时，能适时调整工作之间的逻辑关系，加快实施进度属于技术措施

D. 签订并实施关于工期和进度的经济承包责任制属于合同措施

E. 落实各层次进度控制的人员及其具体任务和工作责任属于组织措施

【答案】1. ×；2. √；3. D；4. B；5. C；6. A；7. C；8. C；9. BD

第三节　施工资源与现场管理

考点 43：施工资源与现场管理

教材点睛　教材 P105 ～ 107

1. 施工项目资源管理

（1）施工项目资源管理的内容：劳动力、材料、机械设备、技术和资金等。

（2）施工资源管理的任务：确定资源类型及数量；确定资源的分配计划；编制资源进度计划；施工资源进度计划的执行和动态调整等。

2. 施工现场管理

（1）施工现场管理的任务

1）全面完成生产计划规定的任务，包含产量、产值、质量、工期、资金、成本、利润和安全等。

2）按施工规律组织生产，优化生产要素的配置，实现高效率和高效益。

3）搞好劳动组织和班组建设，不断提高施工现场人员的思想和技术素质。

4）加强定额管理，降低物料和能源的消耗，减少生产储备和资金占用，不断降低生产成本。

5）优化专业管理，建立完善管理体系，有效地控制施工现场的投入和产出。

6）加强施工现场的标准化管理，使人流、物流高效有序。

7）治理施工现场环境，改变"脏、乱、差"的状况，注意保护施工环境，做到施工不扰民。

（2）施工现场管理的内容：规划及报批施工用地；设计施工现场平面图；建立施工现场管理组织；建立文明施工现场；及时清场转移。

巩固练习

1.【判断题】施工项目的生产要素主要包括劳动力、材料、技术和资金。（　　　）

2.【单选题】下列不属于施工项目现场管理内容的是（　　　）。

A. 规划及报批施工用地　　　　　　　B. 设计施工现场平面图

C. 建立施工现场管理组织　　　　　　D. 为项目经理决策提供信息依据

3.【多选题】下列属于施工项目资源管理的内容的是（　　　）。

A. 劳动力　　　　　　　　　　　　　B. 材料

C. 技术　　　　　　　　　　　　　　D. 机械设备

E. 施工现场

【答案】1. ×；2. D；3. ABCD

第六章　工程力学的基本知识

考点 44：平面力系的基本概念

教材点睛 | 教材 P108～111

1. 力的基本性质

（1）力的三要素：大小、方向和作用点。

（2）力的单位：N（牛顿）或 kN（千牛顿）。

（3）刚体：指在力的作用下，其内部任意两点之间的距离始终保持不变的物体，这是理想化的力学模型。

（4）二力平衡公理：两个力大小相等，方向相反，并作用于同一直线上。

（5）力的合成（平行四边形法则）：作用在物体上同一点的两个力，可以合成一个合力。合力的大小和方向，由这两个力为邻边构成的平行四边形的对角线确定。平行四边形法则是简化复杂力系的基础。

（6）作用力与反作用力定律：两个物体间相互作用的一对力，总是大小相等，方向相反，沿同一直线。

（7）约束与约束反力：限制物体自由运动的条件称为约束。约束对被约束物体的作用力称为约束反力。

（8）工程中常见的约束类型

1）柔性体约束：绳索、链条、皮带等对物体的约束属于柔性约束。

2）光滑面约束：互相啮合的齿轮接触面间的约束可视为光滑面约束。

3）光滑铰链约束：分为圆柱铰链约束、固定铰链约束、活动铰链约束。

2. 平面汇交力系的平衡方程

（1）力系：按照其中各力的作用线在空间中分布的不同形式，可分为汇交力系、平行力系和一般力系。

（2）平面汇交力系的合成：在直角坐标系中合力在任意轴的投影等于各分力在同一轴上投影的代数和。

（3）平衡的条件：$\sum F_x = 0$，$\sum F_y = 0$，$\sum M(\vec{F}) = 0$。

3. 力矩、力偶

（1）力矩（M）：力使其作用的刚体绕轴或点转动的效应；$M = r \times F$，单位为牛顿米（N·m）。

（2）力偶（F，F'）：对刚体的效应表现为使刚体的转动状态发生改变。

（3）力偶矩：使物体产生转动效应，力偶矩等于力与力偶臂的乘积，与矩心位置无关。力偶不能与力等效，只能与另一个力偶等效。

1.【判断题】二力平衡的充分和必要条件是两个力大小相等、方向相反。　　（　　）

2.【判断题】平面汇交力系合成的结果是一个合力，合力的矢量等于力系中各力的矢量和。　　　　（　　）

3.【判断题】力矩是力与力臂的乘积。　　　　（　　）

4.【判断题】把大小相等、方向相反、作用线不在同一直线上，使物体转动的两个平行力，称为力偶。　　　　（　　）

5.【单选题】在国际单位制中，力的单位是（　　）。

A. 牛顿（N）　　　　　　　　B. 千克（kg）

C. 千米（km）　　　　　　　　D. 千瓦（kW）

6.【单选题】作用于刚体上的两个力使刚体处于平衡状态的充分和必要条件是（　　）。

A. 两力大小相等，作用于同一点上

B. 两力大小相等，方向相反，并作用于同一直线上

C. 两力大小相等，方向相反

D. 两力大小相等，方向相同，并作用于同一点上

7.【单选题】约束杆件对被约束杆件的反作用力，称为（　　）。

A. 压力　　　　　　　　　　　B. 弹性力

C. 约束反力　　　　　　　　　D. 支承力

8.【单选题】下列选项中，不属于按照力系中各力的作用线在空间中分布的不同形式，进行分类的是（　　）。

A. 汇交力系　　　　　　　　　B. 平面力系

C. 平行力系　　　　　　　　　D. 一般力系

9.【单选题】把大小相等、方向相反、作用线不在同一直线上，使物体转动的两个平行力，称为（　　）。

A. 力矩　　　　　　　　　　　B. 力

C. 力偶　　　　　　　　　　　D. 作用力与反作用力

10.【多选题】力的三要素是指（　　）。

A. 力的大小　　　　　　　　　B. 力的效果

C. 力的方向　　　　　　　　　D. 力的作用点

E. 力的状态

【答案】1. ×；2. √；3. √；4. √；5. A；6. B；7. C；8. B；9. C；10. ACD

考点 45：杆件的内力分析

教材点睛　教材 P111～115

1. 杆件的定义及分类

（1）杆件是指长度远大于截面尺寸的构件；杆件具备两个特征：横截面和轴线。

（2）根据杆件轴线的曲直，可分为直杆和曲杆；根据横截面是否变化，可分为等截面杆和变截面杆。

2. 用截面法计算单跨静定梁的内力

（1）单跨静定梁是建筑结构中常见的一种形式。常用的结构形式有简支梁、悬臂梁和伸臂梁。

（2）内力由外力产生，随外力增大而增大，增大到一定程度时会引起材料的破坏。

（3）截面法应用的三个具体步骤

1）在欲求内力的截面处用假想截面将构件分为两部分，留下其中一半为研究对象，舍弃另一半。

2）用作用于截面上的内力替代舍弃部分对保留部分的作用。

3）对保留部分建立静力学平衡方程，将内力和外力代入静力学平衡方程确定内力。

3. 多跨静定梁的基本概念

（1）多跨静定梁是由若干根单跨静定梁铰接而成的静定结构，在工程中常用于桥梁和房屋结构中。

（2）多跨静定梁结构上由基本部分和附属部分组成。

（3）多跨静定梁内力计算原则：先计算附属部分后计算基本部分。

4. 桁架的基本概念

（1）桁架是由若干直杆通过铰连接构成的几何不变体系；其杆件主要承受轴向力，通常为二力体。

（2）在实际工程中，桁架按照空间组成形式可分为平面桁架和空间桁架。

（3）桁架杆件内力计算方法主要有节点法和截面法。

巩固练习

1.【判断题】多跨静定梁在工程中常用于桥梁和房屋结构中。　　　　　　（　　　）

2.【判断题】多跨静定梁是由若干根单跨静定梁铰接而成的静定结构，在工程中常用于桥梁和房屋结构中。　　　　　　（　　　）

3.【单选题】下列选项中，不属于常见的单跨静定梁的是（　　　）。

A. 简支梁　　　　　　　　　　　　B. 悬臂梁

C. 多跨静定梁　　　　　　　　　　D. 伸臂梁

4.【单选题】下列不属于假设杆件的材料所具有的特性的是（　　　）。

A. 连续性　　　　　　　　　　　　B. 均匀性

C. 各向同性　　　　　　　　　　　D. 经济性

5.【多选题】在对杆件进行受力分析的过程中，一般假设杆件的材料具有的特性是（　　　）。

A. 连续性　　　　　　　　　　　　B. 均匀性

C. 各向同性　　　　　　　　　　　D. 经济性

E. 可靠性

6.【多选题】下列属于常见的单跨静定梁的有（   ）。

A. 简支梁
B. 悬臂梁
C. 桥梁
D. 伸臂梁
E. 桁架

7.【多选题】下列桁架的杆件中，属于腹杆的是（   ）。

A. 上弦杆
B. 斜杆
C. 下弦杆
D. 竖杆
E. 横杆

【答案】1. √；2. √；3. C；4. D；5. ABC；6. ABD；7. BD

考点 46：杆件强度、刚度和稳定的基本概念

教材点睛 | 教材 P115～119

1. 杆件的基本变形（四种）： 轴向拉伸或轴向压缩；剪切；扭转；弯曲。

2. 应力、应变的基本概念

（1）应力的概念

1）应力是一个描述内力集度的概念，可理解为单位面积承受的内力。

2）应力的计算：先用截面法求得截面上内力的合力，再计算内力合力与截面面积的比值。

（2）应变：是一个连续体内两点间位置变化的概念，可理解为材料承受应力时单位长度产生的变形量。

3. 杆件强度的概念

（1）杆件的拉伸强度

1）金属材料在外力作用下抵抗塑性变形和断裂的能力称为强度。

2）低碳钢试件拉伸试验分为四个阶段：弹性阶段、屈服阶段、强化阶段、颈缩阶段。

3）胡克定律：弹性阶段应力与应变的关系为 $\sigma = E\varepsilon$，其中比例系数 E 为材料的弹性模量。

（2）强度理论

1）构件的破坏或失效的两种情况：① 脆性材料，失效表现为产生裂纹或断裂，但构件尺寸基本没有变化。② 塑性材料，材料在外力作用下发生屈服变形。

2）材料的破坏还与其工作条件有关，即所处的应力状态、温度、加载速度等。

4. 杆件挠度、刚度和压杆稳定性的基本概念

（1）挠度：杆件的变形通常用横截面处形心的竖向位移和横截面的转角这两个量来度量；截面挠度用 y 表示，挠度 y 向上为正；横截面对原来位置转过的角度用 θ 表示，转角 θ 逆时针为正。

（2）刚度：表示材料或结构抵抗变形的能力。为了保证构件具有足够的刚度，需将

教材点睛 教材 P115～119（续）

变形限制在一定的允许范围内。

1）工程中梁满足刚度的条件：$\begin{matrix} y_{max} \leq [y] \\ \theta_{max} \leq [\theta] \end{matrix}$

2）工程中传动轴满足刚度的条件：$\left(\dfrac{\mathrm{d}\varphi}{\mathrm{d}x}\right)_{max} \leq \left[\dfrac{\mathrm{d}\varphi}{\mathrm{d}x}\right]$ 或 $\left[\dfrac{\mathrm{d}\varphi}{\mathrm{d}x}\right]$

（3）压杆稳定性：为保证压杆的稳定预留的安全储备。$F \leq \dfrac{F_{cr}}{n_{st}}$ 式中，n_{st} 为稳定安全系数。

巩固练习

1.【判断题】杆件的基本变形有轴向拉伸或轴向压缩、剪切、扭转、弯曲、组合变形。 （ ）

2.【判断题】力作用在物体上会引起物体形状和尺寸的改变，这些变化称为变形。 （ ）

3.【判断题】杆件的变形通常用横截面处形心的竖向位移和横截面的转角这两个量来度量。 （ ）

4.【单选题】在实际工程中，杆件会在外力作用下发生不同形式的变形，下列不属于其基本变形的是（ ）。

A. 弯曲   B. 压缩

C. 裂缝   D. 剪切

5.【单选题】杆件主要承受轴向力，通常称为二力体的是（ ）。

A. 单跨静定梁   B. 多跨静定梁

C. 桁架   D. 伸臂梁

6.【单选题】金属在外力（静载荷）作用下，所表现的抵抗塑性变形或破坏的能力称为（ ）。

A. 强度   B. 刚度

C. 硬度   D. 韧性

7.【单选题】低碳钢试件拉伸试验中，材料的应力和应变基本呈直线关系的是（ ）。

A. 弹性阶段   B. 屈服阶段

C. 强化阶段   D. 颈缩阶段

8.【多选题】杆件的变形通常用（ ）来度量。

A. 横截面处形心的横向位移   B. 横截面处形心的竖向位移

C. 横截面的转角   D. 横截面的位移

E. 横截面的转矩

【答案】1. √；2. √；3. √；4. C；5. C；6. A；7. A；8. BC

第七章 机械设备的基础知识

第一节 常用机械传动

考点 47：齿轮传动 ★ ●

教材点睛 教材 P120～129

1. 机械传动在建筑机械中通常分为两类：① 靠机件间摩擦力传送动力的摩擦传动；② 靠主动件与从动件啮合或借助中间件啮合传递动力或运动的啮合传动。

2. 机械传动的作用：传递动力和运动、改变运动形式、调节运动速度。

3. 齿轮传动

（1）塔式起重机、施工升降机、混凝土搅拌机、钢筋切断机、卷扬机等都采用齿轮传动。

（2）齿轮传动的特点：传动效率高；结构紧凑、体积小；工作可靠，使用寿命长；传动比固定不变，传递运动准确可靠；能实现平行轴间、相交轴间及空间相错轴间的多种传动。

（3）齿轮传动的缺点：制造成本较高；不宜承受剧烈的冲击和过载；不宜用于中心距较大的场合。

（4）齿轮传动种类

1）按两齿轮轴线的相对位置分，可分为两轴平行、两轴相交和两轴交错三类。

2）按工作条件分：开式传动、半开式传动、闭式传动。

3）按齿形分：渐开线齿（用于机械传动）；摆线齿（用于计时仪器）；圆弧齿（用于重型机械）。

（5）圆柱齿轮的主要结构【详见 P123 表 7-2】

1）直齿圆柱齿轮基本参数有齿数、模数；两标准直齿圆柱齿轮正确啮合条件为模数相等，压力角相等。

2）斜齿圆柱齿轮的法面参数有螺旋角 β、齿距、模数、压力角；两标准斜齿圆柱齿轮正确啮合条件为模数相等，压力角相等，螺旋角相等，而且旋向相反。

（6）齿轮失效形式及预防失效措施

1）齿轮失效形式：有轮齿折断（过载、疲劳、随机）、齿面胶合（轻微、中等、破坏性、局部）、齿面点蚀、齿面磨损、塑性变形等形式。

2）预防齿轮失效措施：提高齿轮安装精度；根据强度、韧性和工艺性能要求，合理选择齿轮材料；通过有效的热处理工艺，改善齿轮材质，适当提高硬度，消除或减轻齿面的局部过载，提高齿面的抗剥落能力；在使用中选择好齿轮润滑油等。

1. 【判断题】齿轮传动一般不适宜承受剧烈的冲击和过载。　　　　　　（　　）
2. 【判断题】齿顶高是介于分度圆与齿根圆之间的轮齿部分的径向高度。　（　　）
3. 【单选题】相邻两齿的同侧齿廓之间的分度圆弧长是（　　）。

A. 齿厚　　　　　　　　　　　　　　B. 槽宽

C. 齿距　　　　　　　　　　　　　　D. 齿宽

4. 【单选题】下列不属于两齿轮轴线的相对位置的是（　　）。

A. 两轴平行　　　　　　　　　　　　B. 两轴不在同一箱体

C. 两轴相交　　　　　　　　　　　　D. 两轴交错

5. 【单选题】分度圆周上量得的齿轮两侧间的弧长是（　　）。

A. 齿厚　　　　　　　　　　　　　　B. 槽宽

C. 齿距　　　　　　　　　　　　　　D. 齿宽

6. 【单选题】分度圆周上量得的相邻两齿齿廓间的弧长是（　　）。

A. 齿厚　　　　　　　　　　　　　　B. 槽宽

C. 齿距　　　　　　　　　　　　　　D. 齿宽

7. 【多选题】齿轮传动种类的分类中，按两齿轮轴线的相对位置可分为（　　）。

A. 两轴平行　　　　　　　　　　　　B. 两轴垂直

C. 两轴相交　　　　　　　　　　　　D. 两轴交错

E. 两轴共线

8. 【多选题】齿轮传动按工作条件可分为（　　）。

A. 开式传动　　　　　　　　　　　　B. 半开式传动

C. 普通传动　　　　　　　　　　　　D. 闭式传动

E. 半闭式传动

9. 【多选题】齿轮传动种类的分类中，齿形可分为（　　）。

A. 渐开线齿　　　　　　　　　　　　B. 摆线齿

C. 圆弧齿　　　　　　　　　　　　　D. 三角齿

E. 梯形齿

【答案】1. √；2. ×；3. C；4. B；5. A；6. B；7. ACD；8. ABD；9. ABC

考点 48：蜗杆传动及带传动 ★

教材点睛　教材 P129～133

1. 蜗杆传动

（1）应用：在机床、汽车、仪器、起重运输机械、冶金机械以及其他机械制造部门广泛应用。

（2）构造：由蜗杆、蜗轮组成；蜗杆为主动件，蜗轮为从动件。

（3）传动特点：传动比大；工作平稳、噪声小；具有自锁作用；传动效率低；价格昂贵。

2. 带传动

（1）组成：由机架、传动带、带轮（主动轮和从动轮）、张紧装置等部分组成。

（2）原理：靠带与轮接触面间的摩擦（或啮合）来传递运动与动力。

（3）特点：具有良好的弹性，传动较平稳，噪声小；过载时可以防止其他器件损坏；结构简单，制造和维护方便，成本低。缺点：带的寿命短，传动效率低；需要张紧装置；不能用于易燃易爆的场所。

（4）应用：应用范围很广，其中 V 带传动应用最广。

（5）种类：有摩擦型带传动和啮合型带传动两类。

（6）带传动张紧装置的张紧方法有两种方式：调整中心距方式和采用张紧轮方式。

（7）带传动的使用与维护

1）操作时，操作人员要采用安全防护罩，并防止油、酸、碱对带的腐蚀。

2）定期检查有无松弛和断裂现象，如有一根松弛和断裂则应全部更换新带。

3）禁止给带轮上加润滑剂，应及时清除带轮槽及带上的油污。

4）带传动工作温度不应过高，一般不超过 60℃。

5）若带传动久置后再用，应先将传动带放松。

巩固练习

1.【判断题】蜗杆传动由蜗杆、蜗轮组成，蜗杆一般为主动件，蜗轮为从动件。

（　　）

2.【判断题】传动带、主动轮、从动轮是带传动的重要组成部分。（　　）

3.【单选题】下列不属于蜗杆传动特点的是（　　）。

A. 传动效率高　　　　　　　　　B. 传动比大

C. 工作平稳，噪声小　　　　　　D. 具有自锁作用

4.【单选题】下列传动方式中，成本比较高的是（　　）。

A. 齿轮传动　　　　　　　　　　B. 蜗杆传动

C. 带传动　　　　　　　　　　　D. 链传动

5.【单选题】下列各项中，（　　）是通过摩擦力来传递动力的，传递过载时，会发生打滑，可以防止其他零件的损坏，起到安全保护作用。

A. 链　　　　　　　　　　　　　B. 齿轮

C. 皮带传动　　　　　　　　　　D. 蜗轮蜗杆

6.【单选题】两个或多个带轮之间用带作为挠性拉拽零件的传动装置是（　　）。

A. 链传动　　　　　　　　　　　B. 齿轮传动

C. 带传动　　　　　　　　　　　D. 蜗杆传动

7.【单选题】结构简单、效率较高，适合于传动中心距较大情况的是（　　）。

A. 平带传动 B. V 带传动

C. 多楔带传动 D. 同步带传动

8.【单选题】下列带传动类型中，运行较平稳的是（　　）。

A. 平带传动 B. V 带传动

C. 多楔带传动 D. 同步带传动

9.【多选题】下列属于摩擦型带传动的是（　　）。

A. 平带传动 B. V 带传动

C. 多楔带传动 D. 同步带传动

E. 链传动

10.【多选题】下列属于啮合型带传动的是（　　）。

A. 平带传动 B. V 带传动

C. 多楔带传动 D. 同步带传动

E. 链传动

【答案】1. √；2. √；3. A；4. B；5. C；6. C；7. A；8. B；9. AB；10. CD

第二节　螺　纹　连　接

考点 49：螺纹连接 ●

教材点睛　教材 P133～140

　　1. 螺纹连接的特点：拧紧时能产生很大的轴向力；能方便地实现自锁；外形尺寸小；制造简单，能保持较高的精度。

　　2. 螺纹的分类和特点

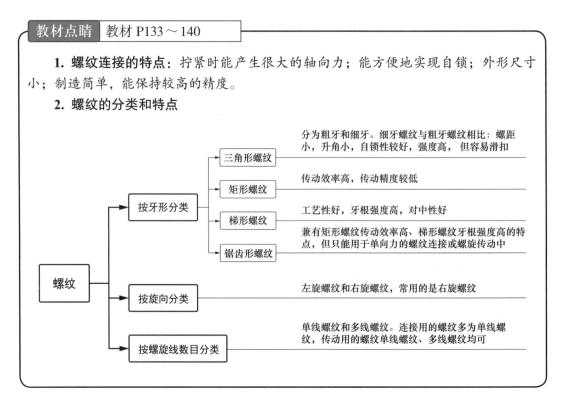

3. 螺纹的主要参数【详见 P135 图 7-20】

4. 螺纹连接的类型：普通螺栓连接、铰制孔螺栓连接、双头螺柱连接、螺钉连接、紧定螺钉连接。

5. 螺纹连接防松常用三种方法：摩擦防松、机械防松和永久防松。

6. 高强度螺栓

（1）分类：按施工工艺分为大六角高强度螺栓和扭剪型高强度螺栓；按受力强度分为摩擦型高强度螺栓和承压型高强度螺栓。

（2）大六角高强度螺栓的连接副：由一个螺栓、一个螺母、两个垫圈组成为一套。

（3）扭剪型高强度螺栓的连接副：由一个螺栓、一个螺母、一个垫圈组成为一套。

（4）高强度螺栓的紧固方法

1）大六角高强度螺栓的预拉力控制方法：先初拧（拧紧力矩的 50%），再终拧。大型节点在初拧之后，需复拧，然后再终拧。

2）扭剪型高强度螺栓的预拉力控制方法：需用特制的电动扳手施拧，终拧至拧断梅花头。

巩固练习

1.【判断题】螺纹连接制造简单，但精度较低。　　　　　　　　　　（　　）

2.【判断题】高强度螺栓按照受力强度可以分为摩擦型高强度螺栓和承压型高强度螺栓。　　　　　　　　　　　　　　　　　　　　　　　　　　　（　　）

3.【单选题】螺纹的公称直径是指螺纹（　　　　）的基本尺寸。

A. 外径　　　　　　　　　　　　　B. 小径

C. 内径　　　　　　　　　　　　　D. 中径

4.【单选题】螺纹的螺距是指螺纹相邻两牙在（　　　　）线上对应点的轴向距离。

A. 大径　　　　　　　　　　　　　B. 小径

C. 中径　　　　　　　　　　　　　D. 外径

5.【单选题】最常用的传动螺纹是（　　　　）。

A. 三角形螺纹　　　　　　　　　　B. 矩形螺纹

C. 梯形螺纹　　　　　　　　　　　D. 锯齿形螺纹

6.【单选题】牙形为不等腰梯形的是（　　　　）。

A. 三角形螺纹　　　　　　　　　　B. 矩形螺纹

C. 梯形螺纹　　　　　　　　　　　D. 锯齿形螺纹

7.【单选题】螺纹连接的类型中，不需经常拆装的是（　　　　）。

A. 普通螺栓连接　　　　　　　　　B. 铰制孔螺栓连接

C. 双头螺柱连接　　　　　　　　　D. 螺钉连接

8.【多选题】以下属于三角形螺纹的是（　　　　）。

A. 普通螺纹　　　　　　　　　　　B. 非螺纹密封的管螺纹

C. 用螺纹密封的管螺纹　　　　　　D. 米制锥螺纹

E. 锯齿螺纹

9.【多选题】高强度螺栓按照施工工艺可分为（　　　）。

A. 大六角高强度螺栓　　　　　　　B. 摩擦型高强度螺栓

C. 承压型高强度螺栓　　　　　　　D. 扭剪型高强度螺栓

E. 普通高强度螺栓

【答案】1. ×；2. √；3. A；4. C；5. C；6. D；7. D；8. ABCD；9. AD

第三节　轴的功用和类型

考点 50：轴的功用和类型

教材点睛 教材 P140～142

1. 轴的功用：支撑回转零件并传递运动和动力。

2. 轴的类型和特点

（1）轴的类型

1）按照轴的轴线形状不同：分为曲轴和直轴两大类。

2）按照轴所受载荷不同：分为心轴、转轴和传动轴三类。

（2）轴的特点

1）心轴：用来支撑转动的零件，只受弯曲作用而不传递动力。

2）转轴：既支撑转动零件又传递动力，转轴本身是转动的，同时承受弯曲和扭转两种作用。

3）传动轴：只传送动力，只受扭转作用而不受弯曲作用，或者弯曲作用很小。

3. 常用轴的结构包括：轴颈、轴头和轴身。【详见 P141 图 7-33】

4. 轴上零件的固定方法

轴的固定方法通常有轴向固定和周向固定两种。

（1）轴向固定的方法：通常可采用螺母、挡圈、压板等配合轴肩和套筒，实现轴上零件轴向相对位置固定。

（2）周向固定的方法：通常采用键或花键等连接获得轴上零件的圆周方向上的固定，用于防止零件与轴产生相对转动。

巩固练习

1.【判断题】轴的功用是支撑回转零件并传递运动和动力。　　　　　　（　　　）

2.【单选题】常用轴的结构不包括（　　　）。

A. 轴身　　　　　　　　　　　　　B. 轴颈

C. 轴头　　　　　　　　　　　　　D. 轴帽

3.【单选题】周向固定的方法通常采用（　　　）等连接，获得轴上零件的圆周方向上的固定。

A. 挡圈
B. 键或花键
C. 压板
D. 螺母

【答案】1. √；2. D；3. B

第四节　液压传动

考点 51：液压传动 ★ ●

教材点睛 教材 P142～154

1. 液压传动系统的组成及各元件的作用

（1）液压传动系统的组成包括：动力元件（液压泵）；执行元件（液压缸或液压电机）；控制元件（各种阀类，如压力阀、流量阀和方向阀等）；辅助元件（各种管接头、油管、油箱、过滤器、蓄能器和压力计等）；工作介质（油液）。

（2）动力元件

1）液压泵是液压系统的能源，一般有齿轮泵、叶片泵和柱塞泵等几个种类。

2）外啮合齿轮泵的优点是结构简单，尺寸小，质量轻，制造方便，价格低廉，工作可靠，自吸能力强（容许的吸油真空度大），对油液污染不敏感，维护容易。缺点是磨损严重时，泄漏量大，工作压力受限制；压力脉动和噪声都较大。

3）叶片泵的优点是运转平稳、压力脉动小、噪声小、结构紧凑、尺寸小、流量大。缺点是对油液要求高，与齿轮泵相比结构较复杂。

4）柱塞泵分为轴向柱塞泵和径向柱塞泵两大类。

① 径向柱塞泵的性能稳定，耐冲击性好，工作可靠，寿命长，但结构复杂，外形尺寸和质量较大。

② 轴向柱塞泵具有结构紧凑、径向尺寸小、惯性小、容积效率高、压力高等优点，但轴向尺寸大，结构比较复杂。

（3）执行元件

1）液压缸：按结构形式可分为活塞缸、柱塞缸和摆动缸三类。活塞缸和柱塞缸能实现往复直线运动，输出推力或拉力和直线运动速度；摆动缸则能实现小于360°的往复摆动，输出角速度（转速）和转矩。

2）液压电机：以转动的形式输出机械能，分为齿轮式、叶片式和柱塞式等形式。

（4）控制元件

1）方向控制阀分为：单向阀、换向阀（有手动、电磁之分）。

2）压力控制阀按功能和用途不同分为溢流阀、减压阀、顺序阀等。

（5）液压辅件：有蓄能器、滤油器、油箱、热交换器、管件等，辅助装置对系统的

教材点睛 教材 P142～154（续）

动态性能、工作稳定性、工作寿命、噪声和温升等都有直接影响。

2. 典型液压回路

（1）自升式塔式起重机液压顶升系统回路。【详见 P153 图 7-54】

（2）汽车起重机支腿锁紧回路。【详见 P153 图 7-55】

（3）汽车起重机起升机构限速回路。【详见 P154 图 7-56】

巩固练习

1.【判断题】液压传动系统中，执行元件把油液的液压能转换成机械能，以驱动工作部件运动。　　　　　　　　　　　　　　　　　　　　　　　　　（　　）

2.【判断题】换向阀是利用阀芯相对于阀体的相对运动，使油路接通、断开或变换液压油的流动方向，从而使液压执行元件启动、停止或改变运动方向。　　（　　）

3.【判断题】液压回路指的是由有关液压元件组成的用来完成特定功能的油路结构。
　　　　　　　　　　　　　　　　　　　　　　　　　　　　　　　　　（　　）

4.【单选题】下列选项中，常在液压系统中起安全保护作用的是（　　）。

A. 减压阀　　　　　　　　　　　　　　B. 顺序阀

C. 换向阀　　　　　　　　　　　　　　D. 溢流阀

5.【单选题】溢流阀属于（　　）。

A. 压力控制阀　　　　　　　　　　　　B. 方向控制阀

C. 流量控制阀　　　　　　　　　　　　D. 流速控制阀

6.【单选题】液压传动系统中，（　　）是执行元件。

A. 液压泵　　　　　　　　　　　　　　B. 液压缸

C. 各种阀　　　　　　　　　　　　　　D. 油箱

7.【单选题】利用阀芯和阀体间的相对运动来变换油液流动方向，起到接通或关闭油路作用的方向控制阀是（　　）。

A. 调速阀　　　　　　　　　　　　　　B. 换向阀

C. 溢流阀　　　　　　　　　　　　　　D. 节流阀

8.【多选题】下列属于液压系统中的执行元件的有（　　）。

A. 液压泵　　　　　　　　　　　　　　B. 液压电机

C. 液压缸　　　　　　　　　　　　　　D. 液压阀

E. 液压油缸

9.【多选题】液压传动系统中的执行元件有（　　）。

A. 齿轮液压电机　　　　　　　　　　　B. 叶片液压电机

C. 轴向柱塞液压电机　　　　　　　　　D. 单杆活塞缸

E. 液压操纵箱

【答案】1. √；2. √；3. √；4. D；5. A；6. B；7. B；8. BC；9. ABCD

第八章　施工机械常用油料

考点 52：燃油★

教材点睛　教材 P155～157

1. 燃油： 有汽油、柴油之分，施工机械较多使用柴油。

2. 汽油

（1）按其用途分为航空汽油和车用汽油两类。车用汽油主要用作点燃式内燃机（汽油机）的燃料。

（2）车用汽油的主要性能指标：抗爆性、蒸发性、安定性、腐蚀性、其他理化性能（物理性能包括密度、凝点、冰点、黏度等；化学性能指酸度、酸值、残炭、灰分等）。

（3）车用汽油可根据发动机的压缩比对辛烷值的要求来选用，以在正常运行条件下不发生爆震为条件。

（4）车用汽油的使用要点

1）当汽油牌号不能满足要求时，可选择牌号相近的汽油代用。

2）机械在高原地区作业时，可选用较低牌号的汽油。

3）长期存放后已变质的汽油不应使用；应经常使油箱保持充满，防止汽油劣化。

4）不要用加铅汽油作清洗油使用，并禁止用嘴吮吸汽油。

3. 柴油

（1）柴油有轻柴油和重柴油之分。施工机械使用的多属于高速柴油机。

（2）柴油的主要性能指标：燃烧性、低温流动性（以凝点和黏度来表示）、蒸发性（由馏程和闪点控制）、腐蚀性、安定性、其他理化性能；此外对灰分、机械杂质、水分及10%蒸余物残炭等需加以控制。

（3）柴油的选用

1）应根据机械施工所在地区的气温选用适当凝点的柴油，选用的柴油凝点应低于环境温度1～3℃。

2）柴油的十六烷值应与柴油机的转速相匹配。

3）柴油的黏度应与环境温度和柴油机转速相适应。

（4）柴油的使用要点

1）不同牌号的柴油可掺合使用，掺合后的凝点在两掺合油之间，掺合时必须搅拌均匀。

2）凝点较高的柴油可掺入裂化煤油10%～40%，以降低其凝点；但不能掺入汽油。

教材点睛 教材 P155～157（续）

3）柴油加入油箱前，一定要充分沉淀（不小于48h），并过滤除去杂质。每日作业后应使油箱加满。

4）冬季使用桶装高凝点柴油时，不得用明火加热，以免爆炸。

巩固练习

1.【判断题】汽油按用途分为航空汽油和车用汽油两类。 （ ）

2.【判断题】密度、凝点、冰点、黏度等属于汽油的物理性能。 （ ）

3.【判断题】酸度、酸值、残炭、灰分等属于汽油的化学性能。 （ ）

4.【判断题】柴油有轻柴油和重柴油之分。 （ ）

5.【单选题】表示汽油在发动机内正常燃烧而不发生爆震的性能是（ ）。

A. 抗爆性 B. 蒸发性

C. 安定性 D. 腐蚀性

6.【单选题】衡量汽油蒸发难易程度的性能指标是（ ）。

A. 抗爆性 B. 蒸发性

C. 安定性 D. 腐蚀性

7.【单选题】汽油在储存和使用过程中，应防止在温度和光的作用下，汽油中不安定烃氰化合物生成胶质物质和酸性物质的性能是（ ）。

A. 抗爆性 B. 蒸发性

C. 安定性 D. 腐蚀性

8.【单选题】汽油或其他油料与金属发生化学反应，使金属失去固有性能的能力称为（ ）。

A. 抗爆性 B. 蒸发性

C. 安定性 D. 腐蚀性

9.【多选题】下列属于汽油的物理性能的是（ ）。

A. 密度 B. 酸值

C. 凝点 D. 冰点

E. 残炭

10.【多选题】下列属于柴油质量牌号的是（ ）。

A. 20 号 B. 10 号

C. −10 号 D. −20 号

E. −30 号

【答案】1. √；2. √；3. √；4. √；5. A；6. B；7. C；8. D；9. ACD；10. BCD

考点 53：润滑油 ★ ●

> **教材点睛** 教材 P158～167

　　1. 润滑油在机械运行中起润滑、冷却、清洁、密封和防腐等作用，主要有内燃机油、齿轮润滑油和润滑脂等。

　　2. 内燃机润滑油（内燃机油）

　　（1）内燃机润滑油分为适用于汽油机的汽油机机油和适用于柴油机的柴油机机油两类。

　　（2）内燃机机油的分类【见 P158 表 8-1、表 8-2】；内燃机机油的黏度分类【见 P159 表 8-3】

　　（3）内燃机机油的主要性能指标：黏度；黏温性能（黏度指数）；凝固点；酸值；水溶性酸或碱；闪点或燃点；残炭；灰分；机械杂质和水分。

　　（4）内燃机机油的选用：根据发动机工作条件选用（使用等级）；根据地区气温选用（黏度等级）【见 P161 表 8-4】；根据机械技术状况选用。

　　（5）内燃机机油使用要点：必须选用黏度合适的机油；正确选用机油级别；注意保持曲轴箱中机油油面正常；注意保持空气及机油滤清器的清洁，及时更换滤芯。

　　（6）使用多级油时的注意事项：① 用多级油替换单级油时，应在发动机停止运转后趁热放净旧油；② 使用多级油时，发动机机油压力会略偏低是正常现象；③ 多级油中因加有清净分散剂，能使沉积物悬浮于油中，使用后机油颜色会逐渐变深，是正常现象，需防止混入水分，以免引起清净分散剂浮化。

　　（7）在用机油的快速检测：对机油的外观及气味的检测。

　　3. 齿轮油

　　（1）车辆齿轮油的分类【见 P163 表 8-6】；车辆齿轮油的黏度分级【见 P163 表 8-7】

　　（2）车辆齿轮油的主要质量指标：极压抗磨性；抗氧化安定性；剪切安定性；黏温特性。

　　（3）车辆齿轮油的选用：根据齿轮工作条件选用（使用级）；根据地区气温选用（黏度级）。

　　（4）车辆齿轮油使用注意事项：① 低级别齿轮油不能用在要求较高的机械上；② 不同级别的齿轮油不能相互混用，也不能与其他厚质内燃机油混存混用；③ 不要认为高黏度齿轮油的润滑性能好；④ 加油量要适当；⑤ 换油时，应在热车状态下放出旧油并将齿轮箱清洗干净，然后换入新油。

　　4. 润滑脂

　　（1）润滑脂的分类

　　1）按稠化剂组成分为皂基脂、烃基脂、无机脂和有机脂四类。

　　2）按所含皂类不同分为单一皂基、混合皂基、复合皂基。

　　（2）润滑脂的主要指标：稠度；滴点；机械安定性；相似黏度；极压性；氧化安定性；胶体安定性。

（3）润滑脂的作用【见 P166 表 8-10】

（4）润滑脂使用注意事项：① 不同种类的润滑脂不能混合使用；② 不允许将新鲜润滑脂和旧润滑脂混合使用；③ 润滑脂和润滑油不能混合使用；④ 二硫化钼润滑脂不宜用于滚动轴承摩擦面。

巩固练习

1.【判断题】内燃机润滑油简称内燃机油，根据内燃机的不同要求，可分为适用于汽油机的汽油机机油和适用于柴油机的柴油机机油。　　　　　　　　（　　）

2.【判断题】齿轮油分为汽车和施工机械车辆齿轮油和工业齿轮油两大类，汽车和施工机械的齿轮箱使用的齿轮油分为车辆齿轮油和工业齿轮油。　　　（　　）

3.【判断题】润滑脂是将稠化剂分散于液体润滑剂中所组成的润滑材料。

（　　）

4.【单选题】下列表示油料蒸发性和安全性指标的是（　　　）。

A. 馏程　　　　　　　　　　　　B. 闪点

C. 腐蚀性　　　　　　　　　　　D. 安定性

5.【单选题】下列表示油料稀稠度的主要指标是（　　　）。

A. 黏度　　　　　　　　　　　　B. 黏温性能

C. 凝固点　　　　　　　　　　　D. 酸值

6.【单选题】下列不属于车辆齿轮油的主要质量指标的是（　　　）。

A. 极压抗磨性　　　　　　　　　B. 闪点

C. 剪切安定性　　　　　　　　　D. 黏温特性

7.【单选题】我国常采用的润滑脂是（　　　）。

A. 皂基脂　　　　　　　　　　　B. 烃基脂

C. 无机脂　　　　　　　　　　　D. 有机脂

8.【多选题】润滑油在机械运行中起到的作用包括（　　　）。

A. 润滑　　　　　　　　　　　　B. 冷却

C. 清洁　　　　　　　　　　　　D. 密封

E. 防腐

9.【多选题】下列属于钙基润滑脂的有（　　　）。

A. 合成钙基脂　　　　　　　　　B. 复合钙基脂

C. 化合钙基脂　　　　　　　　　D. 石墨钙基脂

E. 纯净钙基脂

【答案】1. √；2. ×；3. √；4. B；5. A；6. B；7. A；8. ABCDE；9. ABD

考点 54：工作油 ★ ●

教材点睛 教材 P167～171

1. 施工机械上使用的工作油主要有液压油、液力传动油和制动液三种。

2. 液压油（传递能量的介质）

（1）液压油的分类及性能【见 P167 表 8-11、表 8-12】；液压油的黏度分级【见 P168 表 8-13】。

（2）液压油的主要性能指标：极压抗磨性；抗泡沫性和析气性；黏度和黏温性能；抗氧化安定性、水解安定性和热稳定性；抗乳化性。

（3）液压油的选用。【见 P168 表 8-14、表 8-15】

（4）液压油的更换

1）对在用液压油应定期取样化验，或按机械说明书规定周期换油。

2）换油步骤：① 首先应要更换液压油箱中的液压油；② 启动内燃机，以低速运转，直至总回油管有新油流出后停止液压泵转动；③ 将总回油管与油箱连接，最后将各元件置于工作初始状态，往油箱中补充新液压油至规定位置。

3）不同品种、不同牌号的液压油不得混合使用，新油在加入前和加入后，均应取样化验。

3. 液力传动油（液力传动的工作介质）

（1）液力传动油的分类。【见 P170 表 8-17】

（2）液力传动油按机械使用说明书的规定选用，选用适当品种的液力传动油。

（3）液力传动油使用要点：

1）6 号和 6 号液力传动油绝不能与其他油品混用，同牌号不同厂家生产的也不宜混兑使用。

2）储存使用中要严格防止混入水等杂质，容器和加油工具必须保持清洁、严密。

3）使用中，要注意保持油温正常。

4）在检查油面和换油时，要对油液的外观进行检查。【见 P170 表 8-18】

4. 制动液（传递压力的工作介质）

（1）制动液分为醇型、合成型和矿油型三类。

（2）制动液的选用

1）合成型制动液可冬、夏季通用。

2）矿油型制动液能保证温度在 −50℃～150℃范围内正常使用。

（3）制动液使用要点

1）不同类型和不同牌号的制动液绝对不能混存混用。

2）勿使矿物油混入使用合成型制动液的制动系统中。

3）存放制动液的容器应密封良好，防止水分杂质混入或吸入水汽而变质，应注意防火。

4）制动液使用前应予检查，过滤后再用。

5）灌装制动液的工具、容器应专用，并应将制动系统清洗干净。

6）制动液更换期无具体规定，应与更换制动缸的活塞皮碗同时更换。

巩固练习

1.【判断题】液压油既起传递动能的功用，还能对有关部件起到润滑作用。（　　　）

2.【判断题】液力传动油是液力传动的工作介质，属于动态液压油，又称 PTF 油。

（　　　）

3.【判断题】制动液是汽车及施工机械传递压力的工作介质。（　　　）

4.【单选题】液压油的性能中，能使混入油中的水分迅速分离，防止形成乳化液的性能是（　　　）。

A. 极压抗磨性　　　　　　　　　　B. 抗泡沫性和析气性

C. 黏度和黏温性能　　　　　　　　D. 抗乳化性

5.【单选题】一般轻型施工机械和载重汽车的自动传动装置，可采用的液力传动油是（　　　）。

A. 8 号油　　　　　　　　　　　　B. 6 号油

C. 拖拉机液压 / 传动两用油　　　　D. 68 号两用油

6.【单选题】施工机械和重型汽车的液力传动系统，可采用的液力传动油是（　　　）。

A. 8 号油　　　　　　　　　　　　B. 6 号油

C. 拖拉机液压 / 传动两用油　　　　D. 68 号两用油

7.【单选题】对液压与传动系统同用一个油箱的施工机械、拖拉机，可采用的液力传动油是（　　　）。

A. 8 号油　　　　　　　　　　　　B. 6 号油

C. 拖拉机液压 / 传动两用油　　　　D. 68 号两用油

8.【单选题】适用于南方地区和北方地区的液压传动油是（　　　）。

A. 8 号油　　　　　　　　　　　　B. 6 号油

C. 100 号两用油　　　　　　　　　D. 68 号两用油

9.【单选题】下列不属于制动液分类的是（　　　）。

A. 醇型制动液　　　　　　　　　　B. 复合型制动液

C. 合成型制动液　　　　　　　　　D. 矿油型制动液

10.【单选题】以合成油为基础油，加入润滑剂和抗氧、防腐和防锈等添加剂制成的制动液是（　　　）。

A. 醇型制动液　　　　　　　　　　B. 复合型制动液

C. 合成型制动液　　　　　　　　　D. 矿油型制动液

11.【多选题】下列属于液压油的主要性能指标的有（　　　）。

A. 极压抗磨性　　　　　　　　　　B. 抗泡沫性和析气性

C. 黏度和黏温性能 　　　　　　　D. 抗乳化性

E. 抗氧化安定性、水解安定性和热稳定性

12.【多选题】施工机械上使用的工作油主要有（　　）。

A. 液压油 　　　　　　　　　　　B. 液力传动油

C. 冷却液 　　　　　　　　　　　D. 制动液

E. 润滑油

13.【多选题】制动液按配制原料的不同，可分为（　　）。

A. 醇型 　　　　　　　　　　　　B. 复合型

C. 合成型 　　　　　　　　　　　D. 矿油型

E. 化合型

14.【多选题】可在严寒地区冬、夏季通用的制动液是（　　）。

A. 醇型制动液 　　　　　　　　　B. 合成型制动液

C. 7 号矿油型制动液 　　　　　　D. 9 号矿油型制动液

E. 8 号矿油型制动液

【答案】1. √；2. √；3. √；4. D；5. A；6. B；7. C；8. C；9. B；10. C；11. ABCDE；
12. ABD；13. ACD；14. BC

考点 55：油料的技术管理 ★

教材点睛 教材 P171～172

1. 保证油料质量的管理措施：正确选用油料；严格油料入库验收制度；严格领发制度。

2. 预防油料变质的技术措施

（1）减少油料轻馏分蒸发和延缓氧化变质：降低温度，减少温差；饱和储存，减少气体空间；减少不必要的倒装；采取密封储存。

（2）防止水杂污染：保持储油容器清洁；定期检查储油罐底部状况并清洗储油容器；定期抽查库存油料。

（3）防止混油污染：不同性质的油料不能混用；油桶、油罐汽车、油罐等容器改装别种油料时，应进行刷洗、干燥。

巩固练习

1.【判断题】施工企业在油料的保管、供应工作中，必须加强技术管理，以保证油料的质量和安全。 　　　　　　　　　　　　　　　　　　　　　（　　）

2.【判断题】油罐内壁应涂刷防腐涂层，以防铁锈落入油中。 　　　　　　（　　）

3.【单选题】下列不属于保证油料质量的管理措施的是（　　）。

A. 正确选用油料 　　　　　　　　B. 严格油料入库验收制度

C. 严格领发制度　　　　　　　　　　D. 防止混油污染

4.【单选题】下列不属于预防油料变质的技术措施的是（　　　）。

A. 正确选用油料　　　　　　　　　　B. 减少油料轻馏分蒸发和延缓氧化变质

C. 防止水杂污染　　　　　　　　　　D. 防止混油污染

5.【多选题】下列属于保证油料质量管理措施的是（　　　）。

A. 正确选用油料　　　　　　　　　　B. 严格油料入库验收制度

C. 严格领发制度　　　　　　　　　　D. 防止混油污染

E. 禁止低质量用油

6.【多选题】下列属于预防油料变质的技术措施的是（　　　）。

A. 正确选用油料　　　　　　　　　　B. 减少油料轻馏分蒸发和延缓氧化变质

C. 防止水杂污染　　　　　　　　　　D. 防止混油污染

E. 用油登记

【答案】1. √；2. √；3. D；4. A；5. ABC；6. BCD

第九章　工程预算的基本知识

第一节　建筑安装工程及市政工程造价的基本概念

考点 56：基本概念 ●

教材点睛 教材 P173～177

1. 建设工程造价：主要分为房屋建筑与装饰工程、仿古建筑工程、通用安装工程、市政工程、园林绿化工程、矿山工程、构筑物工程、城市轨道交通工程、爆破工程等九类。

2. 工程造价计价的主要依据：《建设工程工程量清单计价规范》GB50500—2013。

3. 建设工程造价的构成

（1）建设工程造价：由分部分项工程费、措施项目费、其他项目费、规费和税金组成。

（2）分部分项工程量清单和措施项目清单采用综合单价计价，其中，安全文明施工费、规费和税金不得作为竞争性费用。

工程总造价＝分部分项工程费＋措施项目费＋其他项目费＋规费＋税金

（3）建筑安装工程费用项目组成分为按费用构成要素和按造价形成划分两种。【详见 P174 图 9-1，P176 图 9-2】

4. 建设工程工程计量汇总有效位数

（1）以"t"为单位，应保留小数点后三位数字，第四位小数四舍五入。

（2）以"m、m²、m³、kg"为单位，应保留小数点后两位数字，第三位小数四舍五入。

（3）以"株、丛、个、件、根、套、组"等为单位，应取整数。

5. 工程造价的定额计价方法的概念：按照各地区省级建设行政主管部门发布的《建设工程工程量清单计价定额》中的"工程量计算规则"计算工程量；人工工日单价或人工费调整系数、机械台班单价、材料价格、设备价格及同期市场价格，按照省级建设行政主管部门发布的同期动态调整价格执行；再按规定的计算方法计算措施费、其他项目费、管理费、利润、规费、税金，汇总确定建筑安装工程造价。

6. 工程量清单计价方法的概念：将反映拟建工程的分部分项工程量清单、措施项目清单、其他项目清单的工程数量，分别乘以相应的综合单价，最后将三种清单的合计价格汇总相加，即可得出拟建工程造价。

7. 预算、结算和决算的概念

（1）预算：是设计单位或施工单位根据施工图纸，按照现行工程定额预算价格编制

教材点睛 教材 P173～177（续）

的工程建设项目从筹建到竣工验收所需的全部建设费用。

（2）结算：是施工单位根据竣工图纸，按现行工程定额实际价格编制的工程建设项目从开工到竣工验收所需的全部建设费用。

（3）决算：是建设单位根据决算编制要求编制的，工程建设项目从筹建到交付使用所需的全部建设费用。它是反映工程建设项目实际造价和投资效果的文件。

巩固练习

1.【判断题】建筑工程工程计量汇总以"株、丛、个、件、根、套、组"等为单位，应取整数。　　　　　　　　　　　　　　　　　　　　　　　　　　　　（　　）

2.【判断题】预算是设计单位或施工单位根据施工图纸，按照现行的工程定额预算价格编制的工程建设项目从筹建到竣工验收所需的全部建设费用　　　　　（　　）

3.【单选题】下列不属于建筑工程造价的构成的是（　　　）。

A. 直接工程费　　　　　　　　　　B. 企业管理费

C. 间接费　　　　　　　　　　　　D. 计划利润

4.【单选题】设计单位或施工单位根据施工图纸，按照现行的工程定额预算价格编制的工程建设项目从筹建到竣工验收所需的全部建设费用称为（　　　）。

A. 结算　　　　　　　　　　　　　B. 预算

C. 核算　　　　　　　　　　　　　D. 决算

5.【单选题】分部分项工程量清单和措施项目清单采用综合单价计价，其中（　　　）可以作为竞争性费用。

A. 税金　　　　　　　　　　　　　B. 安全文明施工费

C. 规费　　　　　　　　　　　　　D. 分项工程综合单价

6.【单选题】施工机具使用费是指施工作业所发生的施工机械、仪器仪表使用费或其（　　　）。

A. 维修费　　　　　　　　　　　　B. 购置费

C. 管理费　　　　　　　　　　　　D. 租赁费

7.【多选题】工程造价的主要组成部分包括（　　　）。

A. 直接工程费　　　　　　　　　　B. 企业管理费

C. 间接费　　　　　　　　　　　　D. 计划利润

E. 税金

【答案】1. √；2. √；3. B；4. B；5. D；6. D；7. ACDE

第二节 建筑与市政工程机械使用费

考点 57：工程机械使用费 ★ ●

教材点睛 教材 P177～181

1. 机械台班消耗量的确定

（1）机械台班消耗量（机械台班消耗定额）：指在正常施工条件和合理使用建筑机械条件下完成单位合格产品所消耗的某种型号的建筑机械台班的数量标准。

（2）按表现形式分为机械时间定额（计量单位为"台班"或"工日"）和机械产量定额（计量单位为"平方米""根""块"）。

（3）人工消耗包括基本用工、辅助用工、其他用工和机上用工。

2. 施工机械使用费、机械台班单价

（1）机械台班单价＝台班折旧费＋台班大修费＋台班经常修理费＋
台班安拆费及场外运费＋台班人工费＋台班燃料动力费＋
台班车船税费

（2）机械台班单价的确定依据

1）折旧费的计算依据：① 机械预算价；② 残值率；③ 贷款利息系数；④ 耐用总台班数。

2）大修理费的计算依据：① 一次大修理费；② 寿命期内大修次数。

3）经常修理费的计算依据：① 各级一次保养费用；② 寿命期各级保养总次数；③ 机械临时故障排除费用、机械停置期间维护保养费；④ 替换设备及工具附具台班摊销费；⑤ 辅料费。

4）安拆费及场外运输费的计算依据：台班安拆费用、场外运输费用分别按不同机械型号、质量、外形体积以及不同的安拆和运输方式测算其一次安拆费和一次场外运输费及年平均安拆、运输次数。

3. 建筑机械台班使用费的组成和计算方法

（1）折旧费的计算：台班折旧费＝［机械预算价格×（1－残值率）×贷款利息系数］÷
耐用总台班数

耐用总台班数＝折旧年限 × 年工作台班

（2）大修费的计算：台班大修理费＝（一次大修理费 × 寿命期内大修次数）÷
耐用总台班数

（3）经常修理费的简化计算（系数 K 可在《建筑安装工程机械台班费用定额》的附表中查得）

台班经常修理费＝台班大修理费 ×K

（4）安拆费及场外运费的计算

台班安拆费＝［（机械一次安拆费 × 年平均安拆次数）÷ 年工作台班］＋
台班辅助设施费

$$= [（一次运输及装卸费＋辅助材料一次摊销费＋一次架线费）×$$
$$年运输次数] ÷ 年工作台班$$

（5）人工费的计算：台班人工费＝定额机上人工工日 × 日工资单价

定额机上人工工日＝机上定员工日 ×（1＋增加工日系数）

（6）燃料动力费的计算：台班燃料动力费＝台班燃料动力消耗量×燃料或动力的单价

（7）养路费及车船使用税的计算

养路费及车船使用税＝载重量（或核定自重吨位）×养路费（标准：元／吨•月）×

12＋车船使用税（标准：元／t•年）÷年工作台班

4. 大型机械设备进出场及安拆费

包括：发生的机械进出场运输及转移费用及机械在施工现场进行安装、拆卸所需的人工费、材料费、机械费、试运转费和安装所需的辅助设施的费用。

第三节 建筑与市政工程机械施工费

考点 58：工程机械施工费●

教材点睛 教材 P181

1. 机械施工费的组成

（1）一次性投入的专用机械费：包含机械采购费用、安拆及进出场费、维护修理费、操作维保人工费、燃油动力费、相关规费等。

（2）周转使用的施工机械费：包含机械的折旧费、安拆及进出场费、维护修理费、操作维保人工费、燃油动力费、相关规费等。

2. 机械施工费的计算方法：按工程量清单进行工料分析，计算投入的各种机械的台班消耗量；再按相应的定额单价计算各施工机械费用；最后计算所有机械费用的总和。

巩固练习

1.【判断题】按机械台班消耗量的表现形式，可分为机械时间定额和机械产量定额。

（   ）

2.【判断题】机械时间定额计量单位以"平方米""根""块"表示。　　　（   ）

3.【判断题】机械产量定额计量单位以"台班"或"工日"表示。　　　（   ）

4.【单选题】施工机械台班单价费用组成不包括（   　）。

A. 大修理费　　　　　　　　　　　　　B. 折旧费

C. 安拆费   D. 场内运费

5.【单选题】施工机械安拆费组成不包括在现场进行安装与拆卸所需的（   ）费用。

A. 材料   B. 人工

C. 修理   D. 机械和试运转

6.【单选题】台班大修理费的计算与（   ）无关。

A. 一次大修理费   B. 寿命期内大修次数

C. 一次保养费用   D. 耐用总台班数

7.【单选题】经常修理费的计算依据不包括（   ）。

A. 寿命期各级保养总次数   B. 各级一次保养费用

C. 机械临时故障排除费用   D. 机械预算价

8.【单选题】一次性投入的专用机械施工费的组成不包括（   ）。

A. 机械进出场运输及转移费   B. 机械采购费用

C. 维护修理费   D. 安拆及进出场费用

9.【单选题】机械施工费的计算是按相应的（   ）单价计算各施工机械费用。

A. 市场   B. 定额

C. 计划   D. 概算

10.【多选题】燃料动力费是指施工机械在运转作业中所消耗的（   ）费用。

A. 水   B. 燃料

C. 电   D. 配件

E. 残值

11.【多选题】机械台班消耗量按表现形式，可分为（   ）。

A. 机械时间定额   B. 机械效率定额

C. 机械总量定额   D. 机械产量定额

E. 机械速度定额

【答案】1. √；2. ×；3. ×；4. D；5. C；6. C；7. D；8. A；9. B；10. ABC；11. AD

第十章　常见施工机械的工作原理、类型及技术性能

考点 59：建筑起重机械 ★ ●

教材点睛　教材 P182～202

1. 塔式起重机

（1）塔式起重机的分类

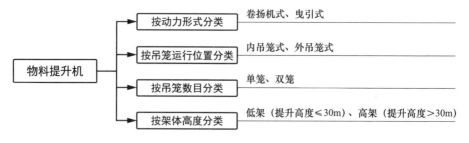

塔式起重机
- 按结构形式分类　固定式、移动式、自升式塔式起重机
- 按回转形式分类　上回转塔式起重机、下回转塔式起重机
- 按架设方法分类　非自行架设、自行架设塔式起重机
- 按变幅方式分类　动臂变幅式、小车变幅式、折臂式塔式起重机
- 按臂架支撑形式分类　平头式、非平头式塔式起重机

（2）塔式起重机的主要性能参数：起重力矩、起重量、幅度、起升高度等。

（3）塔式起重机由钢结构件、工作机构、电气系统、安全保护装置【见 P187图 10-6】、外部支撑的附加设施等组成。

（4）塔式起重机的工作机构有起升机构、变幅机构、回转机构、行走机构和液压顶升机构等。

2. 施工升降机

（1）齿轮齿条式施工升降机由钢结构件、传动机构、安全装置和控制系统四部分组成。

（2）钢丝绳式施工升降机驱动机构一般采用卷扬机或曳引机，主要是货用施工升降机。

（3）施工升降机主要技术性能参数【P194 表 10-2】

3. 物料提升机

（1）物料提升机的分类

物料提升机
- 按动力形式分类　卷扬机式、曳引式
- 按吊笼运行位置分类　内吊笼式、外吊笼式
- 按吊笼数目分类　单笼、双笼
- 按架体高度分类　低架（提升高度≤30m）、高架（提升高度>30m）

（2）物料提升机主要结构有架体、吊笼、自升平台、卷扬机、电气系统及安全装置等。

（3）SMZ150 型物料提升机主要技术参数。【见 P197 表 10-3】

4. 流动式起重机

（1）履带式起重机

1）履带式起重机由起重臂、上平台（或转盘）、回转支承装置、底盘以及起升、回转、变幅、行走等机构和电气附属设备（或液压机构）等机构组成。

2）履带式起重机的主要技术参数：起重量、工作幅度、起升高度。

（2）汽车起重机

1）汽车起重机特点：行驶速度快，机动灵活性一般，转移迅速；采用专用或通用底盘，适宜于公路行驶；作业性能高，结构较简单；作业辅助时间少，作业高度和幅度可随时变换。

2）汽车起重机主要由底盘、主起重臂、副起重臂、转台、支腿、回转机构、起升机构、变幅机构、液压系统、电气系统等组成。

3）常见汽车起重机的主要技术参数。【见 P200 表 10-5】

（3）轮胎起重机

1）轮胎起重机由上车和下车两部分组成。上车为起重作业部分，下车为支承和行走部分。

2）与汽车起重机相比其优点有：轮胎起重机轮距较宽、稳定性好，车身短、转弯半径小，可在 360° 范围内工作。但其行驶时对路面要求较高，行驶速度较汽车起重机慢，不适于在松软泥泞的地面上工作。

3）轮胎起重机的主要技术参数：起重量、起升高度、幅度、载荷力矩和整机自重。

巩固练习

1.【判断题】塔式起重机只有小车变幅一种变幅方式。（　　　）

2.【判断题】塔式起重机为了提高工作效率并且保证安全需要，作业过程中要符合"重载低速、轻载高速"的要求。（　　　）

3.【判断题】物料提升机结构简单，安装、拆卸方便，广泛应用于中高层房屋建筑工地中。（　　　）

4.【单选题】衡量塔式起重机工作能力的最重要参数是（　　　）。

A. 最大高度　　　　　　　　　B. 臂长

C. 额定起重力矩　　　　　　　D. 起重量

5.【单选题】塔式起重机的工作机构中，由顶升套架、顶升横梁、液压站及顶升液压缸组成的是（　　　）。

A. 起升机构   B. 变幅机构

C. 顶升机构   D. 行走机构

6.【单选题】齿轮齿条式施工升降机中，一般有外挂式和内置式两种的是（　　）。

A. 钢结构件   B. 传动机构

C. 安全装置   D. 控制系统

7.【单选题】物料提升机的组成中，包括基础底盘、标准节等构件的是（　　）。

A. 架体   B. 吊笼

C. 自升平台   D. 卷扬机

8.【单选题】下列属于物料提升机防护设施的是（　　）。

A. 起重量限制器   B. 停层平台及平台门

C. 安全停层装置   D. 防坠安全器

9.【单选题】由上车和下车两部分组成的起重机是（　　）。

A. 塔式起重机   B. 履带式起重机

C. 汽车起重机   D. 轮胎起重机

10.【多选题】塔式起重机起升机构包含的构件有（　　）。

A. 起升卷扬机   B. 钢丝绳

C. 滑轮组   D. 吊钩

E. 电气控制系统

11.【多选题】施工升降机的组成结构包括（　　）。

A. 钢结构件   B. 传动机构

C. 安全装置   D. 控制系统

E. 维护系统

12.【多选题】物料提升机按动力形式分类有（　　）。

A. 卷扬机式   B. 龙门式

C. 曳引机式   D. 井架式

E. 链式

【答案】1. ×；2. √；3. ×；4. C；5. C；6. B；7. A；8. B；9. D；10. ABCDE；11. ABCD；
12. AC

考点 60：高处作业吊篮 ●

教材点睛 教材 P202～207

1. 高处作业吊篮（以下简称吊篮）由于安装、拆卸方便，能代替传统的脚手架进行高层建筑的外墙施工、装饰、清洗与维修和旧楼改造，是一种效率高、功能多的高处作业专用设备。

2. 吊篮由悬挂机构、悬吊平台、提升机、电气控制系统、安全保护装置、工作钢丝绳和安全钢丝绳组成。

3. 悬挂机构

（1）悬挂机构是吊篮的基础结构件；其特点是便于拆装组合，单件重量较轻，具有伸缩或可调节性。

（2）按力矩平衡方式不同，吊篮悬挂机构分为附着式和杠杆式两大类型。

1）附着式悬挂机构：① 特点是悬吊所产生的倾翻力矩，全部或部分靠被附着的建筑结构所平衡。② 优点是结构简单，零件数量少，不需大量配重块，机动性好，但其适用范围较窄，使用的限制条件较多。

2）杠杆式悬挂机构：① 特点是倾翻力矩全部靠本身结构进行平衡。② 优点是适用范围广，对安装现场无特殊要求。

4. 悬吊平台 是用于搭载作业人员、工具和材料进行高处作业的悬挂装置。

5. 提升机 是吊篮的动力装置，作用是为悬吊平台上下运行提供动力，可使悬吊平台能够停在任意高度上。

6. 电气控制系统 由电器控制箱、电磁制动电机、上限位开关和手握开关等组成。

7. 安全保护装置 有安全锁、限位装置、限速器和超载保护装置。

8. 钢丝绳： 吊篮悬吊平台两端各设置一组工作钢丝绳和安全钢丝绳。其中，安全钢丝绳的作用是与安全锁配套，对吊篮起安全保护作用。

巩固练习

1.【判断题】吊篮主要由悬挂机构、悬吊平台、提升机、电气控制系统、安全保护装置、工作钢丝绳和安全钢丝绳组成。 （　　）

2.【判断题】吊篮提升机的作用是为悬吊平台上下运动提供动力，并且使悬吊平台能够停止在作业范围内的任意高度位置上。 （　　）

3.【单选题】吊篮的基础结构件是（　　）。

A. 悬挂机构　　　　　　　　　　B. 悬吊平台

C. 提升机　　　　　　　　　　　D. 电气控制系统

4.【单选题】吊篮的组成机构中，用于搭载作业人员、工具和材料进行高处作业的悬挂装置是（　　）。

A. 悬挂机构　　　　　　　　　　B. 悬吊平台

C. 提升机　　　　　　　　　　　D. 电气控制系统

5.【单选题】吊篮的组成机构中，为悬吊平台上下运动提供动力的是（　　）。

A. 悬挂机构　　　　　　　　　　B. 悬吊平台

C. 提升机　　　　　　　　　　　D. 电气控制系统

6.【单选题】吊篮的组成机构中，由电器控制箱、电磁制动电机、上限位开关和手握开关等组成的是（　　）。

A. 悬挂机构　　　　　　　　　　B. 悬吊平台

C. 提升机　　　　　　　　　　　　　D. 电气控制系统

7.【单选题】吊篮的组成机构中，承受悬吊平台全部载荷的主要受力构件是（　　　）。

A. 悬挂机构　　　　　　　　　　　　B. 悬吊平台

C. 钢丝绳　　　　　　　　　　　　　D. 电气控制系统

8.【多选题】下列属于吊篮的构件的有（　　　）。

A. 悬挂机构　　　　　　　　　　　　B. 悬吊平台

C. 提升机　　　　　　　　　　　　　D. 电气控制系统

E. 安全保护装置

9.【多选题】吊篮的安全保护装置有（　　　）。

A. 安全锁　　　　　　　　　　　　　B. 限位装置

C. 限速器　　　　　　　　　　　　　D. 超载保护装置

E. 安全保护装置

【答案】1. √；2. √；3. A；4. B；5. C；6. D；7. C；8. ABCDE；9. ABCD

考点 61：土石方机械 ★ ●

教材点睛　教材 P208～224

1. 挖掘机

（1）挖掘机是用来进行土方开挖的建筑机械，具有挖掘能力强、构造通用性好、效率高、产量大、用途广的特点。

（2）挖掘机按作业特点分为间歇重复循环作业式（单斗挖掘机）和连续性作业式（多斗挖掘机）两种。

（3）单斗挖掘机

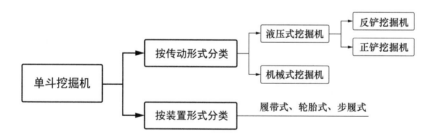

1）反铲挖掘机：工作时后退向下，强制切土，挖掘力较正铲挖掘机小，可挖掘Ⅰ～Ⅱ级土。

2）正铲挖掘机：工作时前进向上，强制切土，挖掘力大，可直接挖掘Ⅰ～Ⅳ级土和松散的岩石、砾石等土层、石料施工作业。

3）反铲挖掘机由发动机、工作装置、回转装置、行走装置、液压系统、电气系统和辅助系统等组成。

4）每一个工作循环包括：挖掘、回转、卸料和返回四个过程。

2. 铲运机

（1）铲运机可以独立地完成铲土、装土、运土、卸土（包括铺平和碾压）等工序。适用范围：主要用于开挖土方、填筑路堤、开挖河道、修筑堤坝、挖掘基坑、平整场地、土层剥离等工作。不适合用于土壤中含有石块、杂物的场合和深挖掘的作业。

（2）铲运机的分类

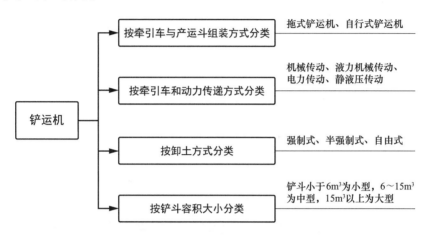

	按牵引车与产运斗组装方式分类	拖式铲运机、自行式铲运机
铲运机	按牵引车和动力传递方式分类	机械传动、液力机械传动、电力传动、静液压传动
	按卸土方式分类	强制式、半强制式、自由式
	按铲斗容积大小分类	铲斗小于6m³为小型，6～15m³为中型，15m³以上为大型

（3）铲运机的施工选择：根据土的性质、根据运土距离。

（4）铲运机的主要技术性能参数【详见 P213 表10-9】

3. 装载机

（1）装载机：用机身前端的铲斗进行铲、装、运、卸作业的施工机械。

（2）装载机的分类

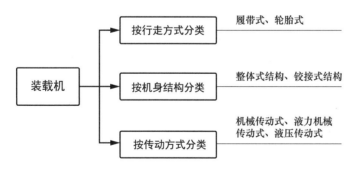

	按行走方式分类	履带式、轮胎式
装载机	按机身结构分类	整体式结构、铰接式结构
	按传动方式分类	机械传动式、液力机械传动式、液压传动式

（3）装载机的工作装置：包括通用铲斗、"V"形铲斗、抓具、铲叉、推土板、吊臂等。

（4）装载机的主要技术性能参数【详见 P216 表10-10】

4. 推土机

（1）推土机是循环作业机械，具有机动性大、动作灵活，能在较小的工作面上工作的特点。广泛用于基坑开挖、管沟的回填、工地的现场清除、场地平整等作业施工中，是短距离自行式铲土运输机械，主要用于 50～100m 的短距离施工作业。

（2）推土机主要由发动机、底盘、液压系统、电气系统、工作装置和辅助设备组成。

（3）推土机的分类

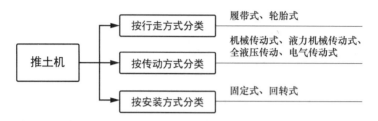

推土机	按行走方式分类	履带式、轮胎式
	按传动方式分类	机械传动式、液力机械传动式、全液压传动、电气传动式
	按安装方式分类	固定式、回转式

（4）推土机的运用

1）推土机的作业循环：切土→推土→卸土→倒退（或折返）回空。

2）推土机的作业形式：直铲作业、侧铲作业、斜铲作业、松土作业。

（5）推土机的主要技术性能参数【详见 P219 表 10-11】

5. 平地机

（1）平地机：是一种功能多、效率高的工程机械；具有高效能、高清晰度的平面刮削、平整作业能力。适用于公路、铁路、机场、港口等大面积的场地平整作业，还可以进行轻度铲掘、松土、路基成型、边坡修整、浅沟开挖及铺路材料的推平成型作业。

（2）自行式平地机的分类

1）根据轮胎数目，可分为四轮、六轮两种。

2）根据车轮的转向情况，可分为前轮转向、后轮转向和全轮转向。

3）根据车轮驱动情况有后轮驱动和全轮驱动。

（3）平地机技术性能参数【详见 P221 表 10-12】

6. 压实机械

（1）压实机械主要用于道路基础、路面、建筑物基础、堤坝、机场跑道等压实作业。

（2）压实机械按其工作原理的不同分类

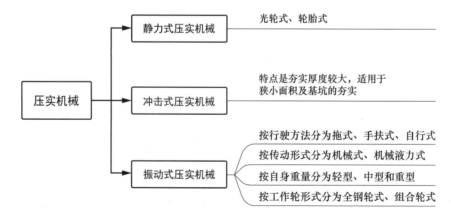

压实机械	静力式压实机械	光轮式、轮胎式
	冲击式压实机械	特点是夯实厚度较大，适用于狭小面积及基坑的夯实
	振动式压实机械	按行驶方法分为拖式、手扶式、自行式
		按传动形式分为机械式、机械液力式
		按自身重量分为轻型、中型和重型
		按工作轮形式分为全钢轮式、组合轮式

（3）振动式压路机主要技术性能参数【详见 P224 表 10-13】

1. 【判断题】正铲挖掘机主要用于挖掘停机面以下的工作面。 （ ）
2. 【判断题】装载机是利用牵引力和工作装置产生的掘起力进行工作的。 （ ）
3. 【判断题】推土机主要由发动机、底盘、液压系统、电气系统、工作装置和辅助设备组成。 （ ）
4. 【判断题】静力压实机械对土壤的加载时间长，不利于土壤的塑性变形。
（ ）
5. 【单选题】单斗反铲挖掘机的构造中，支承全机质量并执行行驶任务的是（ ）。
A. 发动机 B. 工作装置
C. 回转装置 D. 行走装置
6. 【单选题】装载机连杆机构不包括（ ）。
A. 正转六连杆机构 B. 正转八连杆机构
C. 反转六连杆机构 D. 反转八连杆机构
7. 【单选题】推土机的作业形式中，最常用的作业方法是（ ）。
A. 直铲作业 B. 侧铲作业
C. 斜铲作业 D. 松土作业
8. 【单选题】平地机的分类中，由拖拉机牵引，用人力操纵其工作装置的是（ ）平地机。
A. 拖式 B. 自行式
C. 中型 D. 大型
9. 【单选题】压实机械的分类中，适用于大型建筑和筑路工程的是（ ）压实机械。
A. 静力式 B. 轮胎式
C. 冲击式 D. 振动式
10. 【多选题】装载机的工作装置由连杆机构组成，常用的连杆机构有（ ）。
A. 正转六连杆机构 B. 正转八连杆机构
C. 反转六连杆机构 D. 反转八连杆机构
E. 正转四连杆机构
11. 【多选题】推土机按行走方式分类可分为（ ）。
A. 履带式 B. 轮胎式
C. 固定式 D. 回转式
E. 机械式
12. 【多选题】振动式压路机按行驶方法的不同可分为（ ）。
A. 机械式 B. 拖式
C. 手扶式 D. 自行式
E. 轮胎式

【答案】1. ×；2. √；3. √；4. ×；5. D；6. D；7. A；8. A；9. A；10. ABC；11. AB；12. BCD

考点 62：钢筋加工及预应力机械 ●

1. 钢筋加工机械和钢筋预应力机械主要包括钢筋强化机械、成型机械、钢筋预应力机械以及钢筋连接机械。

2. **钢筋强化机械**

（1）钢筋强化机械是对钢筋进行冷加工的专用设备。

（2）按其功能分类主要有：钢筋冷拉机、钢筋冷拔机、冷轧带肋钢筋成型机和钢筋冷轧扭机等。

3. **钢筋成型机械**

（1）钢筋成型机械的作用是把原料钢筋按照混凝土结构物所用钢筋制品的要求进行成型加工。

（2）按其功能分类主要包括：钢筋调直切断机、钢筋切断机、钢筋弯曲机、钢筋弯箍机。

4. **钢筋预应力机械**

（1）钢筋预应力机械是生产预应力混凝土构件的专用设备。

（2）常用的设备有：预应力钢筋张拉机、预应力千斤顶、预应力液压泵、预应力钢筋墩头机、预应力锚具。

5. **钢筋调直切断机主要技术性能参数【详见 P226 表 10-14】**

6. **钢筋切断机主要技术性能参数【详见 P227 表 10-15】**

巩固练习

1.【判断题】钢筋冷拔是对钢筋进行强力拉伸，使其拉应力超过钢筋的屈服点，但不大于抗拉强度。　　　　　　　　　　　　　　　　　　　　　　（　　）

2.【判断题】钢筋冷拉是将直径为 6～10mm 的 I 级光圆钢筋，冷拔成比原钢筋直径略细的冷拔钢丝。　　　　　　　　　　　　　　　　　　　　　　（　　）

3.【判断题】钢筋预应力张拉机主要有液压式、机械式和电热式三种。　　（　　）

4.【单选题】钢筋成型机械按其功能划分，不包括（　　）。

A. 钢筋弯箍机　　　　　　　　　　B. 钢筋调直切断机

C. 钢筋冷拉机　　　　　　　　　　D. 钢筋弯曲机

5.【单选题】钢筋预应力机械常用的设备，不包括（　　）。

A. 千斤顶　　　　　　　　　　　　B. 钢筋张拉机

C. 钢筋墩头机　　　　　　　　　　D. 柴油锤

6.【多选题】钢筋强化机械按其功能分类，主要有（　　）。

A. 钢筋弯曲机　　　　　　　　　　B. 钢筋冷拉机

C. 钢筋冷拔机　　　　　　　　　　D. 冷轧带肋钢筋成型机

E. 钢筋冷轧扭机

【答案】1. ×；2. ×；3. √；4. C；5. D；6. BCDE

考点 63：桩工机械 ★ ●

教材点睛 | 教材 P227～239

1. 桩基础是建筑工程中常用的基础形式。

2. 桩分为预制桩和灌注桩，其中，预制桩有预应力钢筋混凝土方桩、管桩、钢管桩、H 形钢桩等。

3. 桩工机械按动作原理可分为冲击式、振动式、静压式和成孔灌注式等。

（1）柴油打桩机属于冲击式，结构简单、工作可靠、使用方便，能锤击各种规格的桩，但工作时振动大、噪声大。

（2）振动沉拔桩机属于振动式，体积小、质量轻，但不适用专用桩架，仅适用小型桩。

（3）静力压桩机工作时无振动、无噪声，但机械本身笨重、价格高、移动不方便。

（4）灌注桩机扩大了桩的直径和长度（深度），提高了地基的承载能力。

4. 桩架

（1）桩架是支持桩身和桩锤，沉桩过程中引导桩的方向，并使桩锤能沿着要求的方向冲击的打桩设备。

（2）桩架按照行走方式主要分为轨道式、履带式、步履式、走管式。

5. 柴油桩锤是柴油打桩机的主要装置，按构造不同分为导杆式和筒式两种。

6. 振动桩锤

（1）振动桩锤主要由原动机（电动机、液压电机）、激振器、支持器和减振器组成。

（2）振动桩锤的优点是工作时不损伤桩头、噪声小、不排出任何有害气体、使用方便，可不用设置导向桩架，使用普通起重机吊装即可工作，不仅能施工预制桩，而且也适合施工灌注桩。

（3）主要技术性能参数【详见 P232 表 10-16】

7. 静压桩机

（1）使用静力将桩压入土层中的机械称为静压桩机。

（2）根据施加静力的方法和原理的不同，可以分为机构式和液压式两种。

8. 旋挖钻机

（1）旋挖钻机：适合建筑基础工程中成孔作业的建筑机械，适于砂土、黏性土、粉质土等土层施工。

（2）通过更换不同的工作装置可进行钻孔桩、地下连续墙、预制桩、咬合桩、全套管钻进等施工。

（3）成桩工艺：旋挖钻机就位→埋设护筒→钻头轻着地后旋转开钻→当钻头内装满土砂料时提升出孔外→旋挖钻机旋回，将其内的土砂料倾倒在土方车或地上→关上钻头活门，旋挖钻机旋回到原位，锁上钻机旋转体→放下钻头→钻孔完成，清孔并测定深度→放入钢筋笼和导管→进行混凝土灌注→拔出护筒并清理桩头沉淤回填，成桩。

（4）技术性能参数【详见 P236 表 10-18】

9. 成槽机（开槽机）

（1）成槽机是施工地下连续墙时由地表向下开挖成槽的机械装备。

（2）成槽机有冲击钻铣削式、多头钻铣削式、液压铣削式、冲抓斗式等。

（3）成墙厚度可为 400～1500mm，一次施工成墙长度可为 2500～2700mm。

（4）成槽施工原则

1）成槽机垂直度控制：随挖随测，随测随纠。

2）成槽挖土：慢挖求稳，导墙同步推进。

3）槽深测量及控制：随挖、随测、随记、随纠、随清。

4）槽段分段划分应综合考虑工程地质和水文地质情况、槽壁的稳定性、钢筋笼重量、设备起吊能力、混凝土供应能力等条件。槽段分段接缝位置应尽量避开转角部位，并与诱导缝位置相重合。

5）导墙拐角部位处理：在导墙拐角处根据所用的挖槽机械断面形状相应延伸出去 3m，以免成槽断面不足，妨碍钢筋笼下槽。

巩固练习

1.【判断题】柴油桩锤是柴油打桩机的主要装置，按构造不同分为导杆式和筒式两种。　　　　　　　　　　　　　　　　　　　　　　　　　　　　　（　　）

2.【判断题】使用静力将桩压入土层中的机械称为静压桩机。　　　　　（　　）

3.【判断题】旋挖钻机三种常用的钻头结构为短螺旋钻头、单层底旋挖钻头、双层底旋挖钻头。　　　　　　　　　　　　　　　　　　　　　　　　　　　（　　）

4.【判断题】成槽机最大铣削深度可达到 150m 左右。　　　　　　　　（　　）

5.【单选题】以履带式起重机为底盘，配置起重臂悬吊桩架的立柱，并与可伸缩的支承相连接而成的是（　　）履带桩架。

A. 轨道式　　　　　　　　　　　　B. 悬挂式

C. 三点式　　　　　　　　　　　　D. 走管式

6.【单选题】下列对振动桩锤特点的描述中，错误的是（　　）。

A. 工作时不损伤桩头　　　　　　　B. 噪声大

C. 不排出任何有害气体　　　　　　D. 使用方便

7.【单选题】下列关于旋挖钻机的特点，错误的是（　　）。

A. 装机功率大　　　　　　　　　　B. 输出扭矩大

C. 轴向压力大　　　　　　　　　　D. 施工效率低

8.【单选题】成槽机最大铣削深度可达（　　）m。

A. 120   B. 130

C. 140   D. 150

9.【单选题】常用的液压抓斗成槽机中，结构简单、成本低，使用比较普及的是（   ）。

A. 走管式   B. 悬吊式

C. 导板式   D. 倒杆式

10.【多选题】桩架按行走方式分类，主要有（   ）。

A. 轨道式   B. 履带式

C. 步履式   D. 走管式

E. 手扶式

11.【多选题】振动桩锤主要由（   ）组成。

A. 原动机   B. 激振器

C. 支持器   D. 减振器

E. 控制器

12.【多选题】常用的液压抓斗成槽机按结构形式分为（   ）。

A. 走管式   B. 悬吊式

C. 导板式   D. 倒杆式

E. 手扶式

【答案】1. √；2. √；3. √；4. ×；5. B；6. B；7. D；8. B；9. C；10. ABCD；11. ABCD；
12. BCD

考点 64：混凝土机械●

教材点睛 教材 P239～245

　　1. 按照混凝土工程的施工工序，混凝土机械分为三大类：混凝土搅拌机械、混凝土运输机械、混凝土振捣密实成型机械。

　　2. 混凝土搅拌运输车的型号及主要技术性能参数【详见 P241 表 10-19】

　　3. 混凝土泵及泵车

　　（1）混凝土泵按移动方式分为固定式、拖式、汽车式、臂架式等；按构造和工作原理分为活塞式、挤压式和风动式，其中活塞式混凝土泵又因传动方式不同而分为机械式和液压式两类。

　　（2）混凝土泵及输送泵车的技术性能参数。【详见 P244 表 10-20、表 10-21】

巩固练习

　　1.【判断题】混凝土搅拌运输车是由汽车底盘和搅拌装置构成的。   （   ）

　　2.【判断题】混凝土泵是指将混凝土从搅拌设备处通过水平或垂直管道，连续不断地输送到浇筑地点的一种混凝土输送机械。   （   ）

3. 【单选题】按照混凝土工程的施工工序，下列不属于混凝土机械的是（　　）。

A. 搅拌机械
B. 储存机械

C. 运输机械
D. 振捣密实成型机械

4. 【单选题】因传动方式不同而分为机械式和液压式的是（　　）混凝土泵。

A. 固定式
B. 活塞式

C. 挤压式
D. 风动式

5. 【多选题】混凝土泵按移动方式分为（　　）。

A. 固定式
B. 拖式

C. 汽车式
D. 臂架式

E. 轮胎式

6. 【多选题】活塞式混凝土泵按传动方式不同分为（　　）。

A. 机械式
B. 活塞式

C. 挤压式
D. 液压式

E. 移动式

【答案】1. √；2. √；3. B；4. B；5. ABCD；6. AD

考点 65：小型施工机械机具●

教材点睛　教材 P245～247

1. 电焊机

（1）电焊机是建筑施工现场广泛使用的焊接设备之一，大部分使用交流电焊机。

（2）交流电焊机使用应严格执行现行行业标准《施工现场临时用电安全技术规范》JGJ 46—2005 和安全操作规程。

（3）电焊机使用前，应检查并确认一次线、二次线接线正确，必须装有防护罩，输入电压符合电焊机的铭牌规定；一次线不长于 5m，二次线不长于 30m；设有专用开关箱。

（4）电焊钳握柄必须绝缘良好，握柄与导线连接应牢靠，连接处应采用绝缘布包好并不得外露。

（5）焊接现场 10m 范围内，不得堆放油类、木材、氧气瓶、乙炔发生器等易燃、易爆物品。

2. 简易木工电锯

（1）电锯由工作台、电动机、传动皮带、圆锯盘、防护罩、电器系统等组成。

（2）电锯使用时必须安装牢固，台面平整，锯片安装稳固，无裂纹、无连续断齿；使用专用电闸箱。

（3）锯片防护罩、锯片上方防护挡板、分料器等安全装置必须完好有效；安装验收后方可使用。

（4）电锯使用中严格执行操作规程，电气线路符合绝缘防火要求，配备消防器材，确保使用安全。

教材点睛 教材 P245～247（续）

3. 水泵的用途、类型和主要参数

（1）建筑施工中消防、基坑降水、施工供水、排水等都需要使用水泵，常用的是离心式水泵、潜水泵。

（2）离心式水泵依靠旋转叶轮对液体的作用把原动机的机械能传递给液体，在离心泵叶轮旋转下，水可源源不断地从低处扬到高处。

（3）潜水泵是电机与水泵直联一体潜入水中工作的提水机具，可分为清水潜水泵、污水潜水泵、海水潜水泵（有腐蚀性）三类；具有结构简单、效率高、噪声小、运行安全可靠、安装维修方便的优点。

考点 66：盾构机

教材点睛 教材 P248～252

1. 盾构机的优点：开挖速度快、施工质量好、劳动强度低、安全可靠，受地表条件限制小，对周围地层扰动小，无空气、噪声、振动问题，不受天气影响。

2. 盾构机的缺点：不适用于短距离、浅埋深隧道施工；技术含量高，设备设计、制造复杂、难度大、造价高，施工时准备时间长。

3. 盾构机适用于软土、砂卵石、软岩、硬岩等各种地层，在长距离、大深度、高水压等地下施工时，施工成本经济，盾构机构筑的隧道抗震性好。

4. 盾构机主要分为：全敞开式、部分敞开式、封闭式。

5. 盾构机由盾构主机、后配套设备及附属设备组成。主机一般包括掘削装置、盾构壳体（盾体），动力装置、出料装置、推进装置、管片装置、控制系统、信息系统等。

6. 盾构机维修保养可总结为八个字"清洁、润滑、紧固、调整"。

巩固练习

1.【判断题】电焊机是建筑施工现场广泛使用的焊接设备之一，大部分使用交流电焊机。　　　　　　　　　　　　　　　　　　　　　　　　　　　　（　　）

2.【判断题】潜水泵具有结构简单、效率高、噪声小、运行安全可靠、安装维修方便的优点。　　　　　　　　　　　　　　　　　　　　　　　　　　（　　）

3.【判断题】盾构机主要分为全敞开式、部分敞开式、半封闭式。　（　　）

4.【单选题】电焊机使用前，应检查并确认一次线、二次线接线正确，一次线不长于（　　）m。

A. 4　　　　　　　　　　　　　　　　B. 5

C. 6　　　　　　　　　　　　　　　　D. 7

5.【单选题】潜水泵是电机与水泵直联一体潜入水中工作的提水机具，其分类不包括（   ）。

A. 污水潜水泵   B. 清水潜水泵

C. 洪水潜水泵   D. 海水潜水泵

6.【多选题】盾构机的优点有（   ）。

A. 不受天气影响   B. 劳动强度低

C. 适用于短距离、浅埋深隧道 D. 受地表条件限制小，对周围地层扰动小

E. 开挖速度快、施工质量好

【答案】1. √；2. √；3. ×；4. B；5. C；6. ABDE

下 篇

岗位知识与专业技能

知识点导图

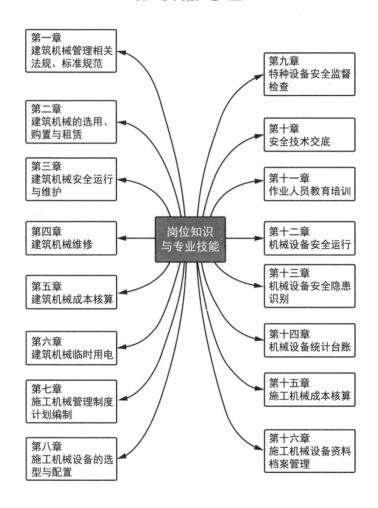

第一章
建筑机械管理相关
法规、标准规范

第二章
建筑机械的选用、
购置与租赁

第三章
建筑机械安全运行
与维护

第四章
建筑机械维修

第五章
建筑机械成本核算

第六章
建筑机械临时用电

第七章
施工机械管理制度
计划编制

第八章
施工机械设备的选
型与配置

岗位知识
与专业技能

第九章
特种设备安全监督
检查

第十章
安全技术交底

第十一章
作业人员教育培训

第十二章
机械设备安全运行

第十三章
机械设备安全隐患
识别

第十四章
机械设备统计台账

第十五章
施工机械成本核算

第十六章
施工机械设备资料
档案管理

第一章　建筑机械管理相关法规、标准规范

考点 1：建筑起重机械制造、租赁、使用管理 ★ ●

> **教材点睛**　教材[①]P1～6

法规依据：《建设工程安全生产管理条例》（国务院令第 393 号）；《中华人民共和国特种设备安全法》；《特种设备安全监察条例》（国务院令 549 号）。

1. 建筑起重机械制造管理

（1）特种设备生产单位应当具备下列条件，并经负责特种设备安全监督管理的部门许可，方可从事生产活动：① 有与生产相适应的专业技术人员；② 有与生产相适应的设备、设施和工作场所；③ 有健全的质量保证、安全管理和岗位责任等制度。

（2）特种设备生产单位应保证特种设备生产符合安全技术规范及相关标准的要求，并对产品的安全性能负责。不得生产违规及国家明令淘汰的特种设备。

（3）特种设备生产、使用单位的主要负责人应对本单位特种设备的安全和节能全面负责。

（4）特种设备及其安全附件、安全保护装置的制造、安装、改造单位，以及压力管道元件的制造单位和场（厂）内专用机动车辆的制造、改造单位，应经国务院特种设备安全监督管理部门许可，方可生产。

（5）特种设备出厂时，应附有安全技术规范要求的设计文件、产品质量合格证明、安装及使用维修说明、监督检验证明等文件。

2. 建筑起重机械租赁管理

（1）出租单位的起重机械和使用单位购置、租赁的起重机械应具有特种设备制造许可证、产品合格证、制造监督检验证明。

（2）建筑起重机械不得出租、使用的规定：① 属国家明令淘汰或者禁止使用的；② 超过安全技术标准或者制造厂家规定的使用年限的；③ 经检验达不到安全技术标准规定的；④ 没有完整安全技术档案的；⑤ 没有齐全有效的安全保护装置的。

（3）建筑起重机械安全技术档案应包括：① 购销合同、制造许可证、产品合格证、安装使用说明书、备案证明等原始资料；② 定期检验报告、定期自行检查记录、定期维护保养记录、维修和技术改造记录、运行故障和生产安全事故记录、累计运转记录等运行资料；③ 历次安装验收资料。

3. 建筑起重机械安装、拆卸管理

（1）施工现场安拆起重机械、整体提升脚手架或模板等架设施工，必须由具有相应资质的单位承担。

---

① 本书下篇涉及的教材，指《机械员岗位知识与专业技能（第三版）》，请读者结合学习。

（2）安装单位应按照起重机械安装、拆卸工程专项施工方案及安全操作规程组织安装、拆卸作业。安装单位的专业技术人员、专职安全生产管理人员应进行现场监督，技术负责人应当定期巡查。

（3）建筑起重机械安装完毕后，安装单位应按照安全技术标准及安装使用说明书的有关要求对起重机械进行自检、调试和试运转。自检合格的，应当出具自检合格证明，并向使用单位进行安全使用说明，办理验收手续并签字。

4. 建筑起重机械使用管理

（1）建筑起重机械安装完毕后，使用单位应当组织出租、安装、监理等有关单位进行验收，或者委托具有相应资质的检验检测机构进行验收。建筑起重机经验收合格后方可投入使用，未经验收或者验收不合格的不得使用。

（2）使用单位应当自建筑起重机械安装验收合格之日起 30 日内，将建筑起重机械安装验收资料、建筑起重机械安全管理制度、特种作业人员名单等，向工程所在县级及以上地方人民政府建设主管部门办理建筑起重机械使用登记。登记标志置于或者附着于该设备的显著位置。

（3）建筑起重机械安装拆卸工、起重信号工、起重司机、司索工等特种作业人员应经建设主管部门考核合格，并取得特种作业操作资格证书后，方可上岗作业。

巩固练习

1.【判断题】没有齐全有效的安全保护装置的建筑起重机械应当予以报废。（　　）

2.【判断题】在施工现场安装、拆卸施工起重机械和整体提升脚手架、模板等自升式架设设施，必须由具有相应资质的单位承担。（　　）

3.【判断题】建筑起重机械使用单位应当在验收合格之日起 30 日内到工程所在地的县级以上建设主管部门办理使用登记。（　　）

4.【单选题】特种设备出厂时，应当附有的安全技术规范要求文件不包括（　　）。

A. 设计文件产品质量合格证明　　　B. 安装及使用维修说明

C. 特种设备制造许可证　　　　　　D. 监督检验证明

5.【单选题】出租单位在建筑起重机械首次出租前，自购建筑起重机械的使用单位在建筑起重机械首次安装前，应当到本单位工商注册所在地（　　）级以上地方人民政府建设主管部门办理备案。

A. 镇　　　　　　　　　　　　　　B. 县

C. 市　　　　　　　　　　　　　　D. 省

6.【单选题】建筑起重机械除下列（　　）情况外，出租单位或者自购建筑起重机械的使用单位应当予以报废，并向原备案机关办理注销手续。

A. 属国家明令淘汰或者禁止使用的

B. 超过安全技术标准或者制造厂家规定的使用年限

C. 经检验达不到安全技术标准规定的

D. 没有完整安全技术档案的

7.【单选题】在施工现场安装、拆卸施工起重机械和整体提升脚手架、模板等自升式架设设施，必须由具有（   ）的单位承担。

A. 相应施工承包资质   B. 制造能力
C. 维修保养经验   D. 检测检验人员

8.【单选题】安装单位应当按照建筑起重机械（   ）及安全操作规程组织安装、拆卸作业。

A. 国家有关标准   B. 使用说明书
C. 安装、拆卸专项施工方案   D. 相关条例

9.【单选题】建筑起重机械在（   ）应当经有相应资质的检验检测机构监督检验合格。

A. 自检前   B. 验收前
C. 验收后   D. 使用前

10.【单选题】建筑起重机械在使用过程中需要（   ）的，使用单位委托原安装单位或者具有相应资质的安装单位按照专项施工方案实施后，并按规定组织验收，验收合格后方可投入使用。

A. 顶升   B. 附着
C. 检查   D. 维保

11.【多选题】特种设备出厂时，应当附有安全技术规范要求的（   ）等文件。

A. 设计文件产品质量合格证明   B. 安装及使用维修说明
C. 特种设备制造许可证   D. 监督检验证明
E. 安全技术档案

12.【多选题】建筑起重机械有（   ）情形之一的，出租单位或者自购建筑起重机械的使用单位应当予以报废，并向原备案机关办理注销手续。

A. 属国家明令淘汰或者禁止使用的
B. 超过安全技术标准或者制造厂家规定的使用年限
C. 经检验达不到安全技术标准规定的
D. 没有完整安全技术档案的
E. 没有齐全有效的安全保护装置的

【答案】1. ×；2. √；3. √；4. C；5. B；6. D；7. A；8. C；9. B；10. B；11. ABD；12. ABC

考点2：特种作业人员、建筑起重机械安全监督及危大工程管理★●

教材点睛 教材 P6～8

法规依据：《建设工程安全生产管理条例》（国务院令第 393 号）；
        《建筑施工特种作业人员管理规定》（建质〔2008〕75 号文件）；

《建筑起重机械安全监督管理规定》（建设部令第 166 号）；

《危险性较大的分部分项工程安全管理规定》（住房和城乡建设部令第 37 号）。

1. 建筑机械设备特种作业人员管理

（1）建筑施工特种作业人员包括：电工、架子工、起重信号司索工、起重机械司机、起重机械安装拆卸工、高处作业吊篮安装拆卸工等。

（2）建筑施工特种作业人员必须经建设主管部门考核合格，取得建筑施工特种作业人员操作资格证书（以下简称资格证书），方可上岗从事相应作业。

（3）资格证书有效期为两年；有效期满需要延期的，建筑施工特种作业人员应当于期满前 3 个月内向原考核发证机关申请办理延期复核手续；延期复核合格的，资格证书有效期延期 2 年。

2. 建筑起重机械安全监督管理（安全监督措施）

（1）要求被检查的单位提供有关建筑起重机械的文件和资料。

（2）进入被检查单位和被检查单位的施工现场进行检查。

（3）对检查中发现的建筑起重机械生产安全事故隐患，责令立即排除；重大生产安全事故隐患排除前或者排除过程中无法保证安全的，责令从危险区域撤出作业人员或者暂时停止施工。

3. 建筑起重机械危大管理

（1）以下工程属于危险性较大的分部分项工程，应编制专项施工方案，由施工单位技术负责人审核签字、加盖单位公章，由总监理工程师审查签字、加盖执业印章后方可实施。

1）采用非常规起重设备、方法，且单件起吊重量为 10kN 及以上的起重吊装工程。

2）采用起重机械进行安装的工程。

3）起重机械安装和拆卸工程。

（2）以下工程属于<u>超过一定规模</u>的危险性较大的分部分项工程，应对专项施工方案组织召开专家论证会。

1）采用非常规起重设备、方法，且单件起吊重量为 100kN 及以上的起重吊装工程。

2）起重量 ≥ 300kN，或搭设总高度 ≥ 200m，或搭设基础标高 ≥ 200m 的起重机械安装和拆卸工程。

4. 建筑起重机械重大隐患判定

（1）塔式起重机、施工升降机、物料提升机等起重机械未经验收即投入使用，或未办理使用登记的。

（2）塔式起重机独立起升高度、附着间距和最高附着以上的最大悬高及垂直度不符合规范要求。

（3）施工升降机附着间距和最高附着以上的最大悬高及垂直度不符合规范要求。

（4）起重机械安装、拆卸、顶升加节以及附着前未对结构件、顶升机构和附着装置以及高强度螺栓、销轴、定位板等连接件及安全装置进行检查。

（5）建筑起重机械的安全装置不齐全、失效或者被违规拆除、破坏。

（6）施工升降机防坠安全器超过定期检验有效期，标准节连接螺栓缺失或失效。

（7）建筑起重机械的地基基础承载力和变形不满足设计要求。

巩固练习

1.【判断题】生产经营单位的特种作业人员必须按照国家有关规定经专门的安全作业培训，取得特种作业操作资格证书，方可上岗作业。　　　　　　　　　（　　）

2.【判断题】建筑施工特种作业人员资格证书在全国通用。　　　　　　　（　　）

3.【判断题】建筑施工特种作业人员应当参加年度安全教育培训或继续教育，每年不得少于24h。　　　　　　　　　　　　　　　　　　　　　　　　（　　）

4.【单选题】超过一定规模的危险性较大的分部分项工程，应对专项施工方案组织召开专家论证会，下列不属于上述情况的是（　　　　）。

A. 搭设总高度≥200m 的起重机械安装和拆卸工程

B. 起重量≥300kN 的起重机械安装和拆卸工程

C. 搭设基础标高≥200m 的起重机械安装和拆卸工程

D. 采用常规起重设备方法，且单件起吊重量为 10kN 的起重吊装工程

5.【单选题】用人单位对于首次取得建筑施工特种作业资格证书的人员，应当在其上岗前安排不少于（　　　　）个月的实习操作。

A. 1　　　　　　　　　　　　　　　B. 2

C. 3　　　　　　　　　　　　　　　D. 4

6.【单选题】特种作业人员资格证书有效期为 2 年。有效期满需要延期的，建筑施工特种作业人员应当于期满前（　　　　）个月内向原考核发证机关申请办理延期复核合格的，资格证书有效期延期 2 年。

A. 1　　　　　　　　　　　　　　　B. 2

C. 3　　　　　　　　　　　　　　　D. 4

7.【单选题】建筑施工企业特种作业人员的考核，由（　　　　）行政主管部门负责组织实施。

A. 县级　　　　　　　　　　　　　B. 市级

C. 省级　　　　　　　　　　　　　D. 国务院建设主管部门

8.【单选题】下列建筑起重机械安全监督管理措施，错误的是（　　　　）。

A. 要求被检查的单位提供有关建筑起重机械的文件和资料

B. 进入被检查单位和被检查单位的施工现场进行检查

C. 对检查中发现的建筑起重机械生产安全事故隐患，责令立即排除

D. 重大生产安全事故隐患排除时责令从施工现场撤出所有隐患排除人员

9.【多选题】下列选项中，属于建筑起重机械重大隐患的有（　　）。

A. 施工升降机防坠安全器超过定期检验有效期

B. 物料提升机未经验收即投入使用

C. 塔式起重机垂直度不符合规范要求

D. 起重机械的安全装置不齐全

E. 建筑起重机械的地基土承载力小

10.【多选题】建筑起重机械（　　）等特种作业人员应当经建设主管部门考核合格，并取得特种作业操作资格证书后，方可上岗作业。

A. 安装拆卸工   B. 起重信号工

C. 起重司机   D. 司索工

11.【多选题】下列关于申请从事建筑施工特种作业的人员应当具备的基本条件中，正确的是（　　）。

A. 年满 16 周岁且符合相关工种规定的年龄要求

B. 经医院体检合格且无妨碍从事相应特种作业的疾病和生理缺陷

C. 初中及以上学历

D. 取得建筑施工特种作业人员操作资格证书

E. 符合相应特种作业需要的其他条件

【答案】1. √；2. √；3. √；4. D；5. C；6. C；7. C；8. D；9. C；10. ABCD；11. BCDE

第二章　建筑机械的选用、购置与租赁

考点 3：建筑机械选用依据与原则●

教材点睛 教材 P13～14

　　1. 建筑机械选用的主要依据：根据本企业各施工项目的工程特点、施工方法、工程量、施工进度、施工条件以及经济效益等综合因素来决定。

　　2. 建筑机械选用的一般原则：

（1）具有稳定性和先进性。

（2）具备较好的经济性。

（3）具有较好的工程适应性。

（4）具有良好的通用性或专用性。

（5）具备较高的安全性。

考点 4：建筑机械购置与租赁

教材点睛 教材 P14～15

　　1. 购置的条件

（1）施工企业应配备操作、维修及机械管理人员，负责建筑机械的全面管理工作。

（2）企业应综合考虑自身和市场环境因素进行设备购置的可行性分析。

　　2. 租赁的条件：施工企业及项目部应根据工程的特点，结合施工进度的要求，在认真调研的基础上，从经济、安全角度出发决策是选择自购大型建筑机械还是承租建筑机械的方案。

　　3. 建筑机械购置与租赁的比较

选用方式	优点	缺点
购置	1. 拥有资产所有权，提高企业技术装备水平。 2. 增强企业机械化施工能力和市场竞争力。 3. 随用随到，保障工期	1. 一次性资金投入较大。 2. 不能保证设备长期高利用率。 3. 日常管理及维护费用大
租赁	1. 建筑机械选择性大。 2. 资金投入少。 3. 可减少维修使用人员和维修费用的支出。 4. 可避免自购建筑机械闲置问题	1. 承租人对租用设备无所有权，只有使用权。 2. 如租赁公司作对租赁机械的维修保养管理跟不上，会对施工进度及安全生产造成隐患。 3. 过度依赖租赁建筑机械，存在市场风险

考点 5：建筑机械购置程序及注意事项

教材点睛 教材 P16

1. 建筑机械的购置申请

（1）对于设备的购置管理，公司应当制定相关的规章制度。

（2）施工项目需要的大型建筑机械的购置，是由施工项目根据工程施工组织设计的设备配置，提出建筑机械购置申请，经公司有关部门办理。

（3）施工项目需要的中小型建筑机械，经公司批准后由分公司或施工项目自行购买。

2. 建筑机械购置及注意事项

（1）建筑机械购置，重点要研究购置建筑机械的厂家、型号、性能、价格、购置方式等内容。做到货比三家、综合比较、择优选购。

（2）购置进口建筑机械，应与供应商直接沟通，通过调研与谈判决定拟采购进口建筑机械的型号规格和生产厂家，并适当地订购部分易损、易耗配件以备急需用。

（3）经过选择确定机型和生产厂商后，应签订订货合同或订货协议。国内合同条款按《中华人民共和国民法典》合同编和国家有关规定执行。

巩固练习

1.【判断题】选择施工机械的主要依据是根据本企业各施工项目的工程特点、施工方法、工程量、施工进度以及经济效益等综合因素来决定。（ ）

2.【判断题】施工企业装备只可采用自行购买。（ ）

3.【判断题】租赁公司向施工企业出租建筑机械，由施工企业负责建筑机械的操作和维修。（ ）

4.【单选题】在道路工程施工中必须考虑施工的成本，体现了建筑机械选用的（ ）一般原则。

A. 施工机械应具有先进性

B. 施工机械应具备较好的经济性

C. 施工机械应具有较好的工程适应性

D. 施工机械应具有良好的通用性或专用性

5.【多选题】选择施工机械的主要依据是（ ）。

A. 工程量　　　　　　　　　　B. 施工方法

C. 施工进度　　　　　　　　　D. 工程特点

E. 经济效益

【答案】1. √；2. ×；3. ×；4. B；5. ABCDE

考点 6：建筑机械租赁的基本程序及注意事项●

教材点睛 教材 P17～19

1. 租赁建筑机械的选择

（1）按照货比三家原则选择。

（2）选择要求：铭牌厂家产品；新设备或年限较短的设备；同等价格下，尽量选择性能先进的设备。

2. 租赁公司的选择条件：信誉好、服务好、设备好、管理好。

3. 租赁建筑机械管理要点

（1）项目部应向公司机械主管部门上报建筑机械租用计划，根据公司管理要求统一规划协调。

（2）如项目部负责实施建筑机械租赁的具体工作，应统筹规划好各类设备的使用及进出场时间。

（3）项目部必须建立建筑机械租赁台账、租赁机械结算台账、租赁合同台账；每月上报租赁机械使用报表。

（4）项目应设专人管理，建立良好的建筑机械租赁联系网络，以保证需用建筑机械准时进场。

（5）严格执行企业合同管理规定，大型建筑机械租赁合同须报公司主管部门批准后方可生效。

（6）租用单位要及时与出租单位办理租赁结算，杜绝因租赁费用结算而发生法律纠纷。

4. 租赁合同条款：包括机械编号（或建筑起重机械备案编号）、机械名称、规格型号、租赁起止日期、租赁方式、租赁价格、费用结算、双方责任和其他等有关内容。合同由项目经理或公司有关负责人签字、加盖法人单位印章，报公司有关部门备案。

5. 建筑机械租赁注意事项

（1）施工企业要有设备专业技术及管理人员，随时了解掌握设备租赁市场情况，包括价格走势、企业信用、服务口碑、设备装备等有关情况。

（2）查看租赁公司和安拆公司的相应资格。

（3）一旦选择比较满意的设备租赁公司，应建立长期的合作关系，列入公司合格分供商名单。

（4）不要过于追求低价租金，要以保证施工安全为目的。

（5）承租的施工单位要端正租赁态度，与租赁单位平等相处、互相配合，安全、顺利地完成施工生产工作。

（6）承租的施工单位要遵守租赁合同条款，按时支付租金。

1.【判断题】在建筑机械租赁市场比较完善的地区，租赁公司选择的余地较大，如何选择好租赁公司，对施工生产影响较大。 （　　）

2.【判断题】租赁合同由项目经理或公司有关负责人签字、盖章，报公司有关部门备案。 （　　）

3.【判断题】台班是最合适的最大结算单位。 （　　）

4.【单选题】建筑机械租赁有关选择要求的做法错误的是（　　）。

A. 选新设备或年限较短的设备　　　　B. 选铭牌厂家产品

C. 选租赁价格低的设备　　　　D. 同等价格下，选择性能先进的设备

5.【单选题】机械租赁计量租金的方式不包括（　　）。

A. 台班租金　　　　B. 单位工程租金

C. 日租金　　　　D. 单位工作量租金

6.【单选题】建筑机械租赁合同中的条款不包括（　　）。

A. 机械名称　　　　B. 租赁价格

C. 折旧方法　　　　D. 租赁起止日期

7.【单选题】选择一家好的施工机械租赁公司的基本要求不包括（　　）。

A. 信誉好　　　　B. 服务好

C. 设备好　　　　D. 价格低

8.【多选题】租赁建筑机械的管理做法正确的是（　　）。

A. 建立建筑机械租赁台账

B. 项目部向公司机械主管部门上报机械租用计划

C. 项目部设兼职管理人员

D. 建筑机械租赁时，要严格执行企业合同管理规定

E. 租用单位及时与出租单位办理租赁结算

【答案】1. √；2. √；3. ×；4. C；5. B；6. C；7. D；8. ABDE

第三章　建筑机械安全运行与维护

考点 7：建筑机械安全运行管理体系●

教材点睛　教材 P20～21

1. 建立健全建筑机械安全管理制度： 建筑机械管理制度覆盖设备管理的全过程。制度应明确管理要求、职责、权限及工作程序，确定监督检查、考核的方法，形成文件下发并实施。

2. 建立安全生产责任制： 要确定安全管理目标，并进行分解落实、监督检查、考核奖罚，确保每个员工、每个部门都能认真履行各自的安全责任，实现全员安全生产。

3. 建筑施工企业安全生产管理机构专职安全生产管理人员的配备要求

（1）建筑施工总承包资质序列企业：特级资质不少于6人；一级资质不少于4人；二级和二级以下资质企业不少于3人。

（2）建筑施工专业承包资质序列企业：一级资质不少于3人；二级和二级以下资质企业不少于2人。

（3）建筑施工劳务分包资质序列企业：不少于2人。

（4）建筑施工企业的分支机构应依据实际生产情况配备不少于2人的专职安全生产管理人员。

4. 机械员的工作职责

（1）机械管理计划：参与制定建筑机械使用计划、建筑机械管理制度；负责制定维护保养计划。

（2）建筑机械前期准备：参与施工总平面布置及建筑机械的采购或租赁，审查特种设备安装、拆卸单位资质和安全事故应急救援预案、专项施工方案；特种设备安装、拆卸的安全管理和监督检查；建筑施工机械的检查验收和安全技术交底；负责特种设备使用备案、登记。

（3）建筑机械安全运行控制：参与组织机械设备操作人员的教育培训和资格证书查验，建立特种作业人员档案；参与建筑机械设备事故调查、分析和处理；负责监督检查建筑机械的使用和维护保养，检查特种设备安全使用状况，落实建筑机械安全防护和环境保护措施。

（4）建筑机械成本核算：负责建筑机械台账的建立，建筑机械设备常规维护保养支出的统计、核算、报批；参与建筑机械设备定额的编制，及建筑机械租赁结算。

（5）建筑机械资料管理：负责编制机械安全、技术管理资料；负责汇总、整理、移交建筑机械资料。

5. 建筑机械安全生产事故应急救援： 施工单位应根据施工单位状况和施工现场情况，编制建筑机械事故应急救援预案，提出详尽、实用、明确和有效的技术措施与组织措施。

考点 8：建筑机械运行控制 ●

1. 现场施工机械运行控制内容

（1）根据施工组织设计编制机械施工技术方案，明确选配施工机械进场，安装及使用，保证生产需求。

（2）根据施工进度，合理匹配操作人员，保证机械设备的正常使用。

（3）通过日常保养、预防维护、定项修理、零部件储备等机械设备维修保养措施，降低设备故障率。

（4）开展定期检查和巡查，发现设备问题及时维修，发现违章操作行为及时纠正，保证设备安全使用。

（5）根据施工生产进度，调整设备使用时间、临时调用、维修时间以及安装拆卸时间进度。

（6）建立租赁台账，用于对设备租赁结算及管理；建立操作手、信号工、维修工等人员台账，用于日常使用监管；对作业时间、运转时间、维修时间等运行情况进行记录，用于对租赁使用状况的评价。

2. 建筑机械维修人员 的基本要求：熟悉建筑机械构造和工作原理，掌握建筑机械维修技术标准和工艺规程，掌握建筑机械维修过程中的零件、总成及整车维修质量检验；对故障机械进行技术鉴定，判断故障部位及原因。

3. 建筑机械操作人员

（1）建筑机械操作人员中的特殊工种作业人员应持建设主管部门颁发的有效证件上岗；其他机械操作人员也应经培训考核后上岗，并建立建筑机械操作人员花名册。

（2）操作人员的基本要求：

1）做到"四懂"（懂原理、懂构造、懂性能、懂用途）、"四会"（会使用、会保养、会检查、会排除故障）。

2）执行"十字"作业方针（清洁、调整、润滑、紧固、防腐）。

巩固练习

1.【判断题】企业主要负责人要切实承担安全生产第一责任人的责任。　　（　　）

2.【判断题】生产经营单位安全生产事故应急预案是国家安全生产应急预案体系的重要组成部分。   （ ）

3.【判断题】应急准备和响应预案要坚持"安全第一，预防为主，综合治理"的方针。   （ ）

4.【判断题】维修人员经过专门的理论学习和实际维修技能练习能够胜任设备的维修工作。   （ ）

5.【判断题】机械操作人员应经培训考核后上岗，并建立建筑机械操作人员花名册。   （ ）

6.【单选题】下列不属于机械操作人员"四懂"内容的是（   ）。

A. 懂原理   B. 懂保养

C. 懂性能   D. 懂用途

7.【单选题】下列不属于机械操作人员"四会"内容的是（   ）。

A. 会使用   B. 会保养

C. 会检查   D. 会组装

8.【单选题】下列属于施工企业管理的一项基本制度，覆盖设备管理的全过程的是（   ）。

A. 建筑机械检查制度   B. 建筑机械管理制度

C. 安全生产责任制   D. 安全教育制度

9.【单选题】参与制定建筑机械管理制度，体现的机械员工作职责是（   ）。

A. 机械管理计划   B. 建筑机械前期准备

C. 建筑机械安全使用   D. 建筑机械成本核算

10.【单选题】参与施工总平面布置及建筑机械的采购或租赁，体现的机械员工作职责是（   ）。

A. 机械管理计划   B. 建筑机械前期准备

C. 建筑机械安全使用   D. 建筑机械成本核算

11.【单选题】参与建筑机械设备事故调查、分析和处理，体现的机械员工作职责是（   ）。

A. 机械管理计划   B. 建筑机械前期准备

C. 建筑机械安全使用   D. 建筑机械成本核算

12.【多选题】建筑施工企业安全生产管理机构专职安全生产管理人员的配备符合要求的有（   ）。

A. 建筑施工总承包一级资质不少于 4 人

B. 专业承包一级资质不少于 3 人

C. 建筑施工总承包二级以下资质企业不少于 2 人

D. 施工劳务分包资质不少于 2 人

E. 施工企业的分支机构应依据实际生产情况配备不少于 2 人

13.【多选题】通常所讲的机械设备保养"十字"作业法是指（   ）等。

A. 清洁   B. 润滑

C. 调整   D. 紧固

E. 防腐

【答案】1. √；2. √；3. √；4. √；5. √；6. B；7. D；8. B；9. A；10. B；11. C；12. ABDE；13. ABCDE

考点 9：建筑机械安全检查与评价 ★ ●

教材点睛 教材 P23～25

法规依据：《施工现场机械设备检查技术规范》JGJ 160—2016；

《建筑施工安全检查标准》JGJ 59—2011；

《起重机械检查与维护规程》GB/T 31052。

1. 建筑机械检查活动：分为日常检查、定期检查、特殊检查等多种检查形式。

2. 建筑机械安全评价

（1）现场机械安全评价方法：检查表法、专家评议法、故障分析法、事件树分析法、危险指数评价法。

（2）设备检查表编制的主要依据

1）国家、地方的相关安全法规、规定、标准和规范，行业、企业的规章制度、标准及企业安全生产操作规程。

2）国内外行业、企业事故统计案例，经验教训。

3）建筑行业及企业安全生产的经验，特别是本企业安全生产的实践经验；引发事故的各种潜在不安全因素及成功杜绝或减少事故发生的经验。

4）对机械设备进行分析得出能导致引发事故的各种不安全因素的基本事件，可以作为防止事故控制点列入检查表。

（3）检查表编制注意事项

1）编制机械安全检查表力求系统完整，不漏掉任何能引发事故的危险关键因素。

2）检查表内容要重点突出，简繁适当，有启发性。

3）各类检查表的项目、内容，应针对不同被检查对象有所侧重，分清各自职责内容，尽量避免重复。

4）检查表的每项内容要定义明确，便于操作。

5）检查表的项目、内容要涵括对应机械环境的变化和生产异常情况的全方面内容。

（4）检查时对存在的问题作好记录，在检查表中写明扣分原因，扣减分、实得分，给出每项合格与不合格的判断；各项汇总后得出设备整机检查总分数，按照评审标准，给出这台设备检查评价：合格、不合格。检查结果应作为对操作司机的考核以及对作业班组、施工项目设备管理工作的考核。

考点 10：建筑机械的维护保养●

> **教材点睛** 教材 P25～28
>
> **1. 建筑机使用环境**
>
> （1）建筑机械施工作业特点：地理条件恶劣、气候条件差、受季节影响大、带有突击性、环境要求高。
>
> （2）建筑机械损坏规律：
>
> 1）非正常碰撞、冲击或其他原因，机械易发生主要结构变形、工作机构移位、零部件损伤。
>
> 2）环境粉尘异物，造成运动机件磨损、卡塞损伤而失效。
>
> 3）使用环境腐蚀物，造成运动机件密封件损伤而失效。
>
> 4）持续工作负荷大或工作负荷突变，造成运动机件断裂损伤而失效。
>
> 5）长期维护保养缺失，造成运动机件非正常磨损而失效。
>
> （3）减少建筑机械的无形磨损（因作业场地的温度、环境、气候等因素对机械性能的影响）。
>
> **2. 建筑机械维护保养**
>
> （1）设备维护保养工作应达到"四项要求"，即整齐、清洁、润滑、安全。
>
> （2）建筑机械按维护作业通常可分为计划性维护、非计划性维护：
>
> 1）计划性维护：应结合建筑机械的工作级别、工作环境及使用状态，确定计划性维护的内容和周期。
>
> 2）非计划性维护：可以根据前次检查的结果进行对应的维护设计。
>
> 3）紧急维修（抢修）：使用、检查过程中发现了严重隐患或损坏情况应立即停用，按应急预案执行。
>
> 4）维护结果验证：对完成维护的项目应进行相应的验证。
>
> 5）维护记录：建筑机械执行的所有维护均应以相关标准或产品手册、说明书等生产厂家指导性文件为依据，由要求指定的人员来实施，按时保质完成并留存相应维保、更换配件等详细资料并签认，确保设备使用、维修、保养等全生命周期流程记录齐全并可追溯。
>
> 6）制定维护的安全预防措施。【见 P27～28】

考点 11：建筑起重机械应急救援预案●

> **教材点睛** 教材 P28～29
>
> **1. 建筑起重机械应急救援预案编写依据：**《生产经营单位安全生产事故应急预案编制导则》GB/T 29639—2020，本单位情况，危险源状况，危险性分析情况和可能发生的事故特点。

2. 建筑起重机械专项应急救援预案编写要求

（1）适用范围：

1）建筑起重机械专项应急救援预案（以下简称专项预案）根据施工作业的情况和作业人员的不同，通常分为两个过程分开编写，分别是安拆过程应急预案和使用过程应急预案。

2）使用过程应急预案应由总包方编写；安拆作业应急预案可以由安拆专业单位和总包方分别编写。

3）施工现场内的所有专项应急预案都应与总包方编制的施工项目整体应急预案相关联，纳入总包方的审批和管理流程。专业分包编写的专项预案还应与分包单位自身的应急预案相关联。

（2）预案的内容主要包括：应急组织体系，指挥机构及职责，危险源及有害因素辨识，事故类型和危险度分析，危险监控预防措施，应急响应，应急物资及装备保障等。

（3）管理要求：

1）应急预案的管理实行属地为主、分级负责、分类指导、综合协调、动态管理的原则。

2）预案由本单位主要负责人签署，向本单位从业人员公布，并及时发放到本单位有关部门、岗位和相关应急救援队伍，同时根据从属关系、管理流程等情况，上报管理单位、上级单位或属地政府以及应急管理部门审批和备案。

巩固练习

1.【判断题】建筑机械按维护作业通常可分为计划性维护、非计划性维护。（ ）

2.【判断题】机械设备使用、检查过程中发现了严重隐患或损坏情况应立即停用，按正常保养计划执行。（ ）

3.【判断题】建筑起重机械专项应急救援预案通常分为安拆过程应急预案和使用过程应急预案。（ ）

4.【判断题】应急预案的管理实行属地为主、分级负责、分类指导、综合协调、动态管理的原则。（ ）

5.【单选题】设备检查表编制的主要依据不包括（ ）。

A. 企业安全生产操作规程　　　　　B. 企业事故统计案例

C. 施工组织设计　　　　　　　　　D. 本企业安全生产的实践经验

6.【单选题】机械设备检查表编制做法错误的是（ ）。

A. 不漏掉任何能引发事故的危险关键因素

B. 内容重点突出，有启发性

C. 内容定义明确，便于操作

D. 检查表的项目、内容尽量重复

7. 【单选题】机械设备检查评分做法不正确的是（   ）。

A. 检查时对存在的问题做好记录

B. 在检查表中写明扣分原因，扣减分、实得分

C. 检查结果作为对企业的安全定级依据

D. 按照评审标准给出这台设备检查评价

8. 【单选题】建筑机械施工作业特点不包括（   ）。

A. 气候条件差   B. 地理条件恶劣

C. 受季节影响小   D. 环境要求高

9. 【单选题】建筑机械损坏规律的说法错误的是（   ）。

A. 环境粉尘异物造成运动机件磨损、卡塞损伤失效

B. 长期维护保养缺失造成运动机件正常磨损失效

C. 使用环境腐蚀物造成运动机件密封件损伤失效

D. 非正常碰撞、冲击易发生主要结构变形、零部件损伤

10. 【单选题】设备维护保养工作应达到的要求不包括（   ）。

A. 整齐   B. 清洁

C. 润滑   D. 环保

11. 【单选题】建筑起重机械专项应急救援预案内容不包括（   ）。

A. 危险源及有害因素辨识   B. 应急组织体系

C. 维护记录   D. 危险监控预防措施

12. 【多选题】现场机械安全评价方法有（   ）。

A. 事件树分析法   B. 检查表法

C. 故障分析法   D. 专家评议法

E. 危险指数评价法

13. 【多选题】企业内部建筑机械检查活动分为（   ）等多种检查形式。

A. 定期检查   B. 不定期检查

C. 日常巡查   D. 全面检查

E. 突击检查

【答案】1. √；2. ×；3. √；4. √；5. C；6. D；7. C；8. C；9. B；10. D；11. C；
12. ABCDE；13. ABC

第四章　建筑机械维修

考点 12：建筑机械故障、原因 ●

> **教材点睛**　教材 P30～32

1. 机械故障机理

（1）故障率曲线（浴盆曲线）：以时间为横坐标，以故障率为纵坐标，将建筑机械整个使用期故障率随时间的变化情况描述出来。

（2）机械的故障率随时间的变化大致分为三个阶段：早期故障期、偶发故障期和损耗故障期。

2. 建筑机械常见故障

（1）损坏型故障：如断裂、开裂、点蚀、烧蚀、变形、拉伤、龟裂、压痕等。

（2）退化型故障：如老化、变质、剥落、异常磨损等。

（3）松脱型故障：如松动、脱落等。

（4）失调型故障：如压力过高或过低、行程失调、间隙过大或过小、干涉等。

（5）堵塞与渗漏型故障：如堵塞、漏水、漏气、渗油等。

（6）性能衰退或功能失效型故障：如功能失效、性能衰退、过热等。

3. 产生故障的原因及后果

（1）从故障产生的原因分析看，原因主要包括：

1）产品原因，包括设计错误、原材料缺陷、加工制造缺陷等。

2）安装原因，包括安装错误、错装漏装、连接不牢固、未作调试或调试错误等。

3）使用原因，包括违章操作、违章指挥、超负荷运转、不润滑、不维护或润滑、维护不当等。

4）修理原因，包括故障判断错误、装配工艺错误、盲目拆解更换、配件质量差、不匹配、不修理等。

5）其他原因，如自然灾害、不可抗力原因等。

（2）从故障导致的不良后果分析看，后果主要包括：

1）会导致建筑机械无法正常运转，甚至因故障停机而不能使用，影响生产正常进行。

2）可能造成事故的发生，如果不及时修理，小故障会演变成大故障，大故障就会演变成事故，最终造成人员伤亡和设备损坏。

3）建筑机械长期带病运转，会使设备加快磨损，使零部件或整机损坏，从而造成使用成本增加，维修费用加大，设备寿命减少或提前报废。

1.【判断题】建筑机械在工作过程中，因某种原因丧失规定功能或危害安全的现象称为故障。   （   ）

2.【判断题】建筑机械规定功能是指在设备的技术文件中明确规定的功能。（   ）

3.【判断题】建筑机械的故障 50% 以上是由润滑不良引起的。   （   ）

4.【单选题】建筑机械在工作过程中，因某种原因丧失规定功能或危害安全的现象称为（   ）。

A. 事故   B. 危险

C. 故障   D. 异常

5.【单选题】下列不属于机械故障率随时间变化阶段的是（   ）。

A. 早期故障期   B. 偶发故障期

C. 消耗故障期   D. 后期故障期

6.【单选题】下列故障类型属于松脱型故障的是（   ）。

A. 老化   B. 空鼓

C. 脱落   D. 断裂

7.【单选题】下列故障类型属于退化型故障的是（   ）。

A. 松动   B. 剥落

C. 风干   D. 膨胀

8.【单选题】下列故障类型属于损坏型故障的是（   ）。

A. 撞击   B. 拉伤

C. 脱落   D. 断裂

9.【多选题】机械的故障率随时间的变化大致分为（   ）。

A. 早期故障期   B. 偶发故障期

C. 消耗故障期   D. 后期故障期

E. 中期故障期

10.【多选题】下列故障类型属于退化型故障的是（   ）。

A. 老化   B. 变质

C. 脱落   D. 剥落

E. 拉伤

11.【多选题】下列故障类型属于损坏型故障的是（   ）。

A. 松动   B. 变形

C. 拉伤   D. 断裂

E. 剥落

【答案】1. √；2. √；3. √；4. C；5. D；6. C；7. B；8. D；9. ABC；10. ABD；11. BCD

考点 13：施工机械修理方式 ★ ●

教材点睛 教材 P32～35

建筑机械修理的三种主要修理方式：事后修理、预防性修理、以可靠性为中心的修理。其特征详见【P32 表4-1】。

1. 事后修理 属于非计划性修理，适用于①机件发生故障，但不影响总成和系统的安全性；②故障属于偶然性且规律不清楚，或虽属于耗损型故障，但用事后修理方式更为经济。

2. 预防性修理： 以定期全面检修为主的修理。

（1）计划预防修理主要特征：

1）按规定要求进行设备日常清扫、检查、润滑、紧固和调整等，延缓施工磨损，保证设备正常运行。

2）按规定日程表对建筑机械的运动状态、功能和磨损程度等进行定期检查和调整，以便及时消除设备隐患，掌握建筑机械技术状态的变化情况，为定期修理做好物品准备。

3）有计划、有准备地对建筑机械进行预防性修理。

（2）保养修理主要特点：

1）根据建筑机械的特点和状况，按照建筑机械运转小时（产量或里程）等规定不同的维修保养类别和间隔期。

2）在保养的基础上制定设备不同的修理类别和修理周期。

3）当建筑机械运转到规定时限时，不论其技术状态如何，也不考虑生产任务的轻重，都要严格地按要求进行检查、保养和计划修理。

3. 以可靠性为中心的修理

（1）以可靠性为中心的修理分析过程的 7 个基本问题：功能、故障模式、故障原因、故障影响、故障后果、主动故障预防、非主动故障预防。

（2）以可靠性为中心的修理分析的一般步骤：确定重要功能产品→进行故障模式影响分析→应用逻辑决断图选择预防性维修工作类型→系统综合，形成计划。

考点 14：修理的主要类别 ●

教材点睛 教材 P35～36

按修理内容及范围的深度和广度，修理区分为大修、项修、小修、改造和计划外修理等不同层次或类别。

（1）大修：全面或基本恢复机械设备的功能，一般由专业修理人员或在修理中心进行。

（2）项修：介于大修和小修之间的层次，为平衡性修理。

（3）小修：以更换或修复在维修间隔期内磨损严重或即将失效的零部件为目的，不涉及对基础件的维修。

（4）改造：用新技术、新材料、新结构和新工艺，在原建筑机械的基础上进行局部改造，以提高其功能、精度、生产率和可靠性。

（5）计划外修理：其次数和工作量越少，表明管理水平越高。

巩固练习

1.【判断题】维修包含维护和修理两个层面。　　　　　　　　　　　　（　　　）

2.【判断题】计划外维修的次数和工作量越多，表明管理水平越高。　　（　　　）

3.【单选题】下列不属于建筑机械修理方式的是（　　　）。

A. 扩大修理　　　　　　　　　　　　B. 日常修理

C. 事中修理　　　　　　　　　　　　D. 计划外修理

4.【单选题】建筑机械的修理方式中，以建筑机械出现功能性故障为基础的修理是（　　　）。

A. 简单修理　　　　　　　　　　　　B. 维护修理

C. 事后修理　　　　　　　　　　　　D. 事前修理

5.【单选题】建筑机械的修理方式中，以全面检修为主的修理是（　　　）。

A. 预防修理　　　　　　　　　　　　B. 日常修理

C. 高价修理　　　　　　　　　　　　D. 计划内修理

6.【单选题】建筑机械的修理方式中，简称 RCM 的修理是（　　　）。

A. 预约修理　　　　　　　　　　　　B. 扩大修理

C. 事前修理　　　　　　　　　　　　D. 以可靠性为中心的修理

7.【单选题】修理的主要类别中，全面或基本恢复机械设备功能的是（　　　）。

A. 大修　　　　　　　　　　　　　　B. 项修

C. 顶修　　　　　　　　　　　　　　D. 改造

8.【单选题】下列各项中，（　　　）是一种介于大修和小修之间的层次，为平衡型修理。

A. 中修　　　　　　　　　　　　　　B. 项修

C. 小修　　　　　　　　　　　　　　D. 返修

9.【单选题】修理的主要类别中，以更换或修复在维修间隔期内磨损严重或即将失效的零部件为目的的是（　　　）。

A. 终修　　　　　　　　　　　　　　B. 初修

C. 小修　　　　　　　　　　　　　　D. 升级

10.【单选题】修理的主要类别中，以提高建筑机械功能、精度、生产率和可靠性为目的的是（　　　）。

A. 大修　　　　　　　　　　　　　　B. 返修

C. 中修   D. 改造

11.【多选题】建筑机械故障零件修理法包括（   ）。

A. 机械加工   B. 焊接

C. 压力加工   D. 胶接

E. 铆接

12.【多选题】建筑机械故障零件换用、替代修理法包括（   ）。

A. 一般机械加工法   B. 换件修理法

C. 替代修理法   D. 建筑机械故障零件弃置法

E. 正常修理法

【答案】1. √；2. ×；3. B；4. C；5. A；6. D；7. A；8. B；9. C；10. D；11. ABCD；
12. BCD

考点 15：建筑机械维修方法 ★ ●

教材点睛 教材 P36～40

1. 建筑机械故障零件修理法

（1）主要修理方法：机械加工法、焊接法、压力加工、胶接法。

（2）修理方法的应用

1）修理方法的选用：根据零件的结构特点、磨损程度、工作条件、材料性质等作出选择。

2）磨损可以用焊接、喷涂、电镀、机械加工、压力加工等修复。

3）变形可用机械加工、压力加工等修复。

4）断裂可用焊修、胶接、机械加工等修复。

5）蚀损可用电镀、喷涂、机械加工等修复。

2. 建筑机械故障零件换用、替代修理法

（1）换件修理法：对于无法修复使用的零部件，应使用同型号或同类型的配件及时更换。替换结构部件后的新组合建筑机械应重新进行测试并将替换的部件清单详细记录。特殊部件的替换应严格按照制造商使用说明书中的要求进行。

（2）替代修理法原则是：等强度代换或者用高强度材料代替低强度材料。

3. 建筑机械故障零件弃置法：放弃已经产生故障的零部件，设法将管部或电路连接起来，快速恢复建筑机械设备生产作业的方法。

4. 塔式起重机常见故障及其排除方法【见 P38～40 表4-3、表4-4】

巩固练习

1.【判断题】焊接是零件修复过程中最主要和最基本方法。   （   ）

2.【判断题】建筑机械由于建筑机械结构不同、使用条件不同，其性质和具体工作内容有所变化。   （   ）

3. 【判断题】对于无法修复使用的零部件，应使用同型号或同类型的配件及时更换。
                                                                              （   ）

4. 【判断题】替代修理法原则是等强度代换或者用高强度材料代替低强度材料。
                                                                              （   ）

5. 【单选题】建筑机械故障零件修理法中，最主要、最基本的方法是（   ）。

A. 机械加工   B. 栓接

C. 压力加工   D. 胶接

6. 【单选题】建筑机械故障零件修理法中，用于修理工作、被称为焊修的是（   ）。

A. 电子加工   B. 焊接

C. 钣金加工   D. 搭接

7. 【单选题】挤压法、扩张法属于建筑机械故障零件修理法中的（   ）。

A. 机械加工   B. 桥接

C. 压力加工   D. 胶接

8. 【单选题】通过胶粘剂将两个以上同质或不同质的物体连接在一起的方法是
（   ）。

A. 研磨加工   B. 桥接

C. 电焊加工   D. 胶接

9. 【单选题】塔式起重机电动机声音异常的排除方法错误的是（   ）。

A. 改造通风条件   B. 检查定子绕组

C. 加油或更换轴承   D. 正确接线

10. 【多选题】塔式起重机减速器漏油、振动大故障的排除方法有（   ）。

A. 更换新卷筒   B. 修磨轴颈

C. 研磨分箱面   D. 重新安装调整同心度

E. 更换油封

【答案】1. ×；2. √；3. √；4. √；5. A；6. B；7. C；8. D；9. A；10. BCDE

第五章　建筑机械成本核算

考点16：建筑机械成本核算类型 ●

教材点睛　教材 P41～42

建筑机械成本核算：包括单机核算、班组核算、维修核算等，其中单机核算为最常用的核算方式。

1. 班组核算

（1）中小型机械的使用适合于班组核算。

（2）班组核算与单机核算在项目核算中互为补充，常结合起来运用。

（3）班组核算的主要内容：完成任务和收入；消耗支出；采取改进措施。

2. 维修核算

（1）大修成本核算

1）对大修合格的建筑机械按照修理定额中划分的项目，分项计算其实际成本。

2）主要项目有工时费、配件材料费、油燃料及辅料。

3）用大修实际成本，与计划成本（修理技术经济定额）对比，考核定额执行和大修成本的盈亏情况。

（2）维护保养成本核算

1）建筑机械保养项目有定额的，用实际发生的费用与定额比较，了解定额执行和维护保养费用盈亏。

2）没有定额的保养、检修项目，应包括在单机核算和班组核算中，采用承包方式，以促进维修工与操作工密切配合，共同为降低或减少维修费用而努力。

考点17：建筑机械的单机核算

教材点睛　教材 P42～44

1. 收入统计分析

（1）依据不同核算目标和设备自身特点分为不同的核算方法

1）在公司核算的层面应该是建筑机械合理的折旧回收，以及该机械购置时所投入的资金若用于其他社会投资所得的回报（一般不低于该笔资金银行同期利息）。

2）项目核算层面应以当月实际完成工作量乘以市场单价。

（2）做好收入统计分析工作的注意事项：

1）项目部须建立相对独立的建筑机械工作量或工作台时统计制度。

2）建筑机械实际完成工作量统计应与机械操作工劳务承包工资挂钩，使机械操作工成为自然的统计数据校核者，保证数据准确性和有效性。在实行单机核算过程中要形成与之配套的计件工资制度。

2. 支出统计分析

（1）建筑机械成本支出分为固定支出和变动支出两部分。

（2）固定支出费用包括：计提折旧费（使用费）、场地费、保险费、运管费、车船使用税、车辆年审等。

（3）变动支出费用包括：操作及修理人员工资及附加费、燃料及动力费、配件费、其他直接费、管理费等。

（4）单机核算数据收集注意事项：严格配件工具及辅料领用程序；严格维修保养程序；严格数据统计。

3. 盈亏核算分析

（1）根据建筑机械自身特点，建立起与之相配套的两种考核目标，即总费用法和单价指标法。

（2）建筑机械盈亏分析注意事项

1）灵活运用分析指标，有针对性地解决实际问题。

2）落实计件工资或效益工资发放。

4. 寿命周期费用核算：是对单台建筑机械从购入到报废整个寿命期中的经济成果核算，是建筑机械核算中最全面、最准确的核算方式。

巩固练习

1.【判断题】单机大修理成本核算是由修理单位对大修竣工的建筑机械按照修理定额中划分的项目，分项计算其实际成本。（　　）

2.【判断题】单机核算就是对单台建筑机械进行经济核算。（　　）

3.【判断题】根据建筑机械自身特点应建立起与之相配套的两种考核目标，即总费用法和单项费用法。（　　）

4.【单选题】建筑机械成本核算中，最常用的核算方式是（　　）。

A. 单机核算　　　　　　　　　　B. 人机核算

C. 班组核算　　　　　　　　　　D. 维修核算

5.【单选题】班组核算的主要内容不包括（　　）。

A. 采取改进措施　　　　　　　　B. 消耗支出

C. 维修核算　　　　　　　　　　D. 完成任务和收入

6.【单选题】建筑机械（　　）分为固定支出和变动支出两部分。

A. 收入　　　　　　　　　　　　B. 成本支出

C. 利润　　　　　　　　　　　　D. 核算盈亏

7.【单选题】对单台建筑机械从购入到报废整个寿命期中的经济成果核算称为（　　）。

A. 收入核算   B. 成本支出核算

C. 寿命周期费用核算   D. 盈亏核算

8.【多选题】建筑机械成本核算包括（　　）。

A. 单机核算   B. 人机核算

C. 班组核算   D. 维修核算

E. 单价核算

9.【多选题】单机大修理成本核算的主要项目有（　　）。

A. 修理费   B. 工时费

C. 配件材料费   D. 油燃料及辅料

E. 成本费

10.【多选题】单机核算的核心内容包括（　　）。

A. 收入   B. 成本支出

C. 利润   D. 核算盈亏

E. 税费

【答案】1.√；2.√；3.×；4. A；5. C；6. B；7. C；8. ACD；9. BCD；10. ABD

考点18：建筑机械成本核算应遵循的原则 ●

教材点睛 教材P44～45

1. 成本核算应具备的条件

（1）要有一套完整而先进的技术经济定额作为核算依据，包括原材料、燃料、动力、工时等消耗定额。

（2）要有健全的原始记录，要求准确、齐全、及时，同时要统一格式、内容及传递方式等。

（3）要有严格的物资领用制度，材料、油料发放时，要做到计量准确、供应及时、记录齐全。

（4）要有明确的单机原始资料的传递速度。

2. 成本核算的作用

（1）完整地归集与核算成本计算对象所发生的各种耗费。

（2）正确计算生产资料转移价值和应计入本期成本的费用。

（3）科学地确定成本计算的对象、项目、期间以及成本计算方法和费用分配方法。

（4）对于企业开展增产节约和实现高产、优质、低消耗、多积累，具有重要意义。

3. 成本核算应遵循的原则

（1）确认原则。   （4）一贯性原则。

（2）分期核算原则。   （5）实际成本核算原则。

（3）相关性原则。   （6）及时性原则。

（7）配比原则。

（10）重要性原则。

（8）权责发生制原则。

（11）明晰性原则。

（9）谨慎原则。

考点 19：施工项目建筑机械使用费核算●

教材点睛　教材 P45～46

1. 自有建筑机械费用

（1）项目购买的小型机具，可直接计入项目成本，列入建筑机械费用。

（2）作为固定资产使用的，按实际发生计算机械台班费。

2. 建筑机械租赁费用

（1）企业内部设备租赁：根据企业内部租赁价格列入项目机械费。

（2）企业外部租赁：租赁价格实行市场定价，除租赁费外，大型建筑机械还要发生进出场费和安装拆卸费，均应列入项目建筑机械使用费支出。

（3）建筑机械租赁计价方式通常有三种：月计租、台班计租、台时计租。

巩固练习

1.【判断题】正确、及时地进行成本核算，不利于企业开展增产节约和实现高产、优质、低消耗、多积累。　　　　　　　　　　　　　　　　　　　（　　）

2.【判断题】施工项目有多台建筑机械，不同建筑机械也有不同的计租方法，由双方签订的租赁合同来确定。　　　　　　　　　　　　　　　　　（　　）

3.【单选题】下列各项中，（　　　）是指对各项经济业务中发生的成本，都必须按一定的标准和范围加以认定和记录。

A. 确认原则　　　　　　　　　　　　B. 谨慎原则

C. 权责发生制原则　　　　　　　　　D. 配比原则

4.【单选题】自有建筑机械费用作为固定资产使用的，按（　　　）计算机械台班费。

A. 配比原则　　　　　　　　　　　　B. 实际发生

C. 一贯性原则　　　　　　　　　　　D. 重要性原则

5.【单选题】下列各项中，（　　　）是指企业成本核算所采用的方法应前后一致。

A. 明晰性原则　　　　　　　　　　　B. 及时性原则

C. 一贯性原则　　　　　　　　　　　D. 配比原则

6.【单选题】成本核算的作用不包括（　　　）。

A. 完整地归集与核算成本计算对象所发生的各种耗费

B. 正确计算生产资料转移价值和应计入本期成本的费用

C. 不利于企业开展增产节约和实现高产、优质、低消耗、多积累

D. 科学地确定成本计算的对象、项目、期间以及成本计算方法和费用分配方法

7.【单选题】建筑机械租赁计价方式不包括（　　　）。

A. 日计租 　　　　　　　　　　 B. 月计租

C. 台班计租 　　　　　　　　　 D. 台时计租

8.【多选题】成本核算应遵循的原则包括（　　　）。

A. 确认原则 　　　　　　　　　 B. 相关性原则

C. 一贯性原则 　　　　　　　　 D. 配比原则

E. 及时性原则

9.【多选题】建筑机械租赁计价方式通常有（　　　）。

A. 日计租 　　　　　　　　　　 B. 月计租

C. 台班计租 　　　　　　　　　 D. 台时计租

E. 年计租

【答案】1. ×；2. √；3. A；4. B；5. C；6. C；7. A；8. ABCDE；9. BCD

第六章　建筑机械临时用电

考点 20：施工临时用电组织设计

教材点睛　教材 P47～49

1. 按照《施工现场临时用电安全技术规范》JGJ 46—2005 的规定：临时用电设备在 5 台及 5 台以上或设备总容量在 ≥ 50kW 的，应编制临时用电施工组织设计。

2. 编制临时用电施工组织设计必须考虑：① 施工现场的大小；② 工程各类用电机械的总体需求量；③ 各个施工阶段的用电性质及用电需求量；④ 用电设备现场分布及与电源的远近情况；⑤ 供电电源及其容量。

3. 临时用电组织设计内容和步骤

（1）现场勘测：可与建筑工程施工组织设计的现场勘测工作同时进行，或直接借用其勘测资料。

（2）负荷计算：负荷计算是选择供电变压器和发电机容量、导线截面、配电装置和电器的主要依据。

（3）确定电源进线、配电间、配电柜及主要用电设备位置及线路走向。

（4）建筑施工现场配电安全保护系统：采用 TN-S 接零保护系统。

（5）配电箱与开关箱设计。

（6）防雷设计：主要考虑高耸的钢管脚手架、井字架、门式架、施工电梯、塔式起重机等垂直机械。

（7）编制安全用电技术措施和电气防火措施。

1）电气设备的接地：包括重复接地、接零（TN-S 系统）保护、装置漏电保护、一机一闸、外电防护，开关电器的装设、维护、检修、更换，以及对水源、火源、腐蚀介质、易燃易爆物的妥善处置等问题。

2）现场的整个配电系统：包括从变、配电所到用电设备的整个临时用电工程，在环境条件、技术条件、设备状况和人员素质方面，制定的措施要有针对性、通用性、选用性和可操作性。

（8）确定防护措施：主要是指对外电高压输电线路、高压配电装置及易燃易爆物、腐蚀介质、机械损伤、电磁感应、静电等危险环境因素的防护。

（9）制定应急用电预案包括：触电应急预案及用电紧急预案。

（10）电气设计施工图包括：供电总平面图，变、配电所（总配电箱）布置图，变、配电系统图，接地装置布置图等主要图样。

考点 21：设备负荷计算 ●

教材点睛 教材 P49～52

1. 施工用电设备负荷计算：是施工临时用电组织设计的支持性文件，是大型建筑工地施工组织供电设计，中小型建筑工地施工规划编制施工供电计划的依据。

2. 建筑施工现场的电力负荷计算一般采用需要系数法进行。

（1）设备功率的确定

1）进行负荷计算时，需要将用电设备按其使用性质分为不同的用电设备组，然后确定设备功率。

2）对于不同负载持续率下的额定功率或额定容量，换算为同一负载持续率下的有功功率，即设备功率 P_s。

（2）用需要系数法确定计算负荷

1）用电设备组的计算负荷

有功功率：$P_{js} = K_x P_s$（kW）

无功功率：$Q_{js} = P_{js} \tan\phi$（kW）

视在功率：$S_{js} = \sqrt{P_{js}^2 + Q_{js}^2}$（kV·A）

2）选择导线截面面积：在施工现场绝缘导线载流量大多采用电流密度来估算。铝芯绝缘导线载流量与截面面积的倍数关系【见 P50 表 6-1】。

3）需要系数 K_x 的采用：K_x 取值可参考【P52 表 6-2、表 6-3】，同时需通过施工现场多年工作经验作适当的修正，计算出来的负荷值可能会接近实际用电情况。

巩固练习

1.【判断题】临时用电施工组织设计的现场勘测可与建筑工程施工组织设计的现场勘测工作同时进行，或直接借用其勘测资料。 （ ）

2.【判断题】导线的选择主要是选择导线的种类和导线的截面。 （ ）

3.【判断题】导线截面的选择主要是依据线路负荷计算结果，其他方面可不考虑。
（ ）

4.【单选题】下列不属于 TN 系统的是（ ）。

A. TN-S 系统   B. TN-C 系统

C. TN-C-S 系统   D. YN-S-C 系统

5.【单选题】导线截面积的选择不需要考虑（ ）。

A. 机械强度   B. 电阻大小

C. 电流密度   D. 电压降

6.【单选题】临时用电设备在（ ）或设备总容量在（ ）的，应编制临时用电施工组织设计。

A. 3 台及以上，≥50kW   B. 4 台及以上，≥60kW

C. 5台及以上，≥ 50kW   D. 5台及以上，≥ 60kW

7.【单选题】负荷计算不是选择（   ）的主要依据。

A. 发电机容量   B. 供电变压器

C. 导线截面   D. 线缆架设方式

8.【单选题】防雷设计不需要考虑的机械是（   ）。

A. 塔式起重机   B. 施工电梯

C. 手持电动机具   D. 钢管脚手架

9.【单选题】临时用电施工组织设计的电气设计施工图不包括（   ）。

A. 供电总平面图   B. 用电设备原理图

C. 变、配电所（总配电箱）布置图   D. 接地装置布置图

10.【单选题】建筑施工现场的电力负荷计算一般采用（   ）法进行。

A. 需要系数   B. 最大电流

C. 最大电压   D. 最大电阻

11.【多选题】编制临时用电施工组织设计必须考虑（   ）。

A. 施工现场的大小

B. 工程各类用电机械的总体需求量

C. 用电设备现场分布及与电源的远近情况

D. 各个施工阶段的用电性质及用电需求量

E. 供电电源所属管辖地区

12.【多选题】导线截面的选择，主要从导线的（   ）来考虑。

A. 机械强度   B. 电阻大小

C. 电流密度   D. 电压降

E. 材料

【答案】1. √；2. √；3. ×；4. D；5. B；6. C；7. D；8. C；9. B；10. A；11. ABCD；12. ACD

考点22：安全用电技术措施★

教材点睛 教材 P52～54

1. 保证正确可靠的接地与接零

（1）保护零线 PE 必须采用绿/黄双色线，严格与相线、工作零线相区别，杜绝混用。

（2）保护零线应单独敷设不做他用。

（3）保护零线在总配电箱、配电线路中间和末端至少三处做重复接地，接地电阻值不应大于10Ω。

（4）严禁一部分设备做保护接零，另一部分设备做保护接地。

2. 施工现场的配电箱和开关箱至少配置两级漏电保护器，即"三级配电二级保护"。

3. 施工现场的用电设备必须实行"一机、一闸、一漏、一箱"制。

4. 电气线路的安全技术措施

（1）施工现场电气线路全部采用"三相五线制"（TN-S 系统）专用保护接零（PE 线）系统供电。

（2）施工现场架空线采用绝缘铜芯线；架空线设在专用电杆上，严禁架设在树木、脚手架上。

（3）导线与地面保持足够的安全距离；无法保证时，必须采用遮拦、栅栏、警告标志牌等防护措施。

（4）设备及其外壳应采用保护接零，并安装漏电保护器。

（5）在配电箱等用电危险地方，挂设安全警示牌。

5. 不得在高、低压线路下施工；不得在高压线路下方搭设作业棚或堆放架具杂物等。施工时各种架具的外侧边缘与外电架空高压线路必须保持安全操作距离。

6. 配电系统的配电箱、开关箱应标识，标明设备的名称、用途、分路标记。停电检修时，必须悬挂停电标志牌，并挂接必要的接地线。

7. 配电箱、开关箱操作顺序：送电时，总配电箱→分配电箱→开关箱；停电时需反向操作。

8. 电线的相色

（1）工作相线（火线）带电危险，专用工作零线和专用保护零线不带电较安全。

（2）相色的规定：相线（火线）分为 A、B、C 三相，分别为黄色、绿色、红色；工作零线为淡蓝色；专用保护零线为黄绿双色线。

9. 电气设备的设置、安装、使用、维修必须符合《施工现场临时用电安全技术规范》JGJ 46—2005 的要求。

考点 23：安全用电组织措施

1. 建立安全用电技术交底制度，向具体作业人员指出用电过程中的安全风险源和管理点，以及需要采取的相应技术措施。交底后应完备签字手续并载明交底日期。

2. 建立安全检查和评估制度，对发现用电隐患，要及时排除并采取预防措施。

3. 建立安全检测制度：定期检测用电设备的接地电阻、电气设备绝缘电阻、漏电保护器动作参数等。

4. 定期进行专业电工和各类用电人员用电安全教育和培训，考核合格者可持证上岗，禁止无证上岗或串岗。

考点 24：防止触电的措施

1. 在所有通电的电气设备上，外壳无绝缘隔离措施时，或当绝缘已经损坏的情况下，人体不要直接与通电设备接触，但可以用装有绝缘柄的工具进行带电操作。

2. 所有用电设备必须做保护接零，并装设漏电保护装置。

3. 在配电箱或启动器周围的地面上，应加铺一层干燥的木板或橡胶绝缘垫板。

4. 架空高压线因外力作用，高压线断落地面时，人体应远离电线落点不小于8～10m，并要有人守护，同时要及时组织抢修，排除危险。

5. 经常对电气设备进行检查，发现温升或绝缘下降时，应及时查明原因，消除故障。

6. 熔断器的熔丝不能选配过大，更不能随意用其他金属导线代替。

7. 万一发生电气故障而造成漏电、短路，引起燃烧时，应立即断开电源，并用砂、四氯化碳或二氧化碳灭火器灭火，切不可用水或酸碱泡沫灭火器材灭火。

巩固练习

1.【判断题】施工现场停电的操作顺序是：开关箱→分配电箱→总配电箱。（　　　）

2.【判断题】送电操作顺序为：开关箱→分配电箱→总配电箱。　　　（　　　）

3.【单题】施工现场用电工程中，PE线的重复接地点不应少于（　　　）。

A. 一处　　　　　　　　　　　　　B. 二处

C. 三处　　　　　　　　　　　　　D. 四处

4.【单题】电气设备的保护零线与工作零线分开设置的系统，即称为（　　　）系统。

A. TT　　　　　　　　　　　　　　B. TN-C

C. TN　　　　　　　　　　　　　　D. TN-S

5.【多选题】下列属于 TN 系统的是（　　　）。

A. TN-S 系统　　　　　　　　　　B. TN-C 系统

C. TN-C-S 系统　　　　　　　　　D. YN-S-C 系统

E. TN-S-C 系统

6.【多选题】配电箱、开关箱必须按照下述操作顺序正确的是（　　　）。

A. 送电操作顺序为：总配电箱→分配电箱→开关箱

B. 停电操作顺序为：开关箱→分配电箱→总配电箱

C. 停电操作顺序为：总配电箱→分配电箱→开关箱

D. 送电操作顺序为：开关箱→分配电箱→总配电箱

E. 停电操作顺序为：总配电箱→开关箱→分配电箱

7.【多选题】架空线路可以架设在（　　　）上。

A. 木杆　　　　　　　　　　　　　B. 钢筋混凝土杆

C. 树木   D. 脚手架

E. 高大机械

【答案】1. √；2. ×；3. C；4. D；5. ABC；6. AB；7. AB

考点 25：设备安全用电 ★ ●

教材点睛 教材 P55～61

1. 配电箱、开关箱和照明线路的使用要求

（1）施工现场必须使用符合《施工现场临时用电安全技术规范》JGJ 46—2005 要求的合格配电箱和开关箱。同时，应按设备所需的容量来选择配电箱的型号，避免配电箱与设备之间的容量不匹配。

（2）配电箱的安装与使用要求【P55】

2. 保护接零和保护接地及重复接地

（1）根据《施工现场临时用电安全技术规范》JGJ 46—2005 的要求，施工现场专用的中性点直接接地的低压电力线路中，必须采用 TN-S 接零保护系统。

（2）重复接地：为了保证接地的作用和效果，在保护零线上的一处或多处再做接地。重复接地电阻应小于 10Ω。作用是降低漏电设备对地的电压；减轻零线断线时的触电危险和三相负荷不对称时对地电压的危险；缩短碰壳或接地短路持续时间；改善架空线路的防雷性能。

3. 漏电保护器的正确使用要求

（1）漏电保护器应装设在总配电箱、分配电箱、开关箱靠近负荷一侧，不得用于启动电气设备的操作。

（2）一般场所开关箱内漏电保护器的额定漏电动作电流不大于 30mA，额定漏电动作时间不大于 0.1s。

（3）使用于潮湿或有腐蚀介质场所的漏电保护器应采用防溅型新产品。

（4）空气湿度＜75%的一般场所可选用 I 类或 II 类手持式电动工具，其金属外壳与 PE 线的连接点不得少于 2 处；除塑料外壳 II 类工具外，相关开关箱中漏电保护器的额定漏电动作电流不大于 15mA，额定漏电动作时间不大于 0.1s，其负荷线插头应具备专用的保护触头；所用插座和插头在结构上应保持一致。

（5）漏电保护器的极数和线数必须与其负荷侧负荷的相数和线数一致。

（6）漏电保护器宜选用无辅助电源型（电磁式）产品，当选用辅助电源故障时不能自动断开的辅助电源型（电子式）产品时，应同时设置缺相保护。

（7）漏电保护器应按产品说明书安装、使用。对搁置已久重新使用或连续使用的漏电保护器应逐月检测其特性，发现问题应及时修理或更换。

（8）漏电保护器的正确使用接线方法应按【P59 图 6-4】选用。

4. 行程开关（限位开关）的正确使用与要求

（1）行程开关按其结构可分为直动式、滚轮式、微动式和组合式。

（2）使用于建筑机械上的行程开关

1）塔式起重机上有：高度限位开关、变幅限位开关、回转限位开关，起重量限制器，起重力矩限制器。

2）移动式塔机上有：行程限位器。

3）施工升降机（施工电梯）上有：上下行程开关；起重量限制器；吊笼门（双门、单门和逃逸窗）上的开、闭限位开关等。

（3）行程开关在设备上的主要作用是防止超重、超载、越位、冒顶等。

（4）行程开关的安装要求：在设备固定部位上安装要牢固，位置要准确；行程开关中的辅助触点动作应灵敏、可靠；行程开关与控制继电接触器之间的电气连接应安全牢靠。

巩固练习

1.【判断题】一个开关箱可以直接控制 2 台及 2 台以上用电设备（含插座）。（   ）

2.【判断题】施工现场用电系统的接地、接零保护系统分为 TT 系统和 TN 系统两大类。（   ）

3.【判断题】在中性点直接接地的电力系统中，为了保证接地的作用和效果，除在中性点处直接接地外，还须在中性线上的一处或多处再做接地，称重复接地。（   ）

4.【判断题】漏电保护器主要是对可能致命的触电事故进行保护，不能防止火灾事故的发生。（   ）

5.【单选题】配电箱、开关箱应安装端正、牢固。固定式闸箱的中心点距地面的垂直距离应为（   ）m。

A. 1.2～1.4 B. 1.3～1.5

C. 1.4～1.6 D. 1.5～1.7

6.【单选题】开关箱与用电设备的水平距离不宜超过（   ）m。

A. 3 B. 4

C. 5 D. 6

7.【单选题】施工现场用电过程中，PE 线上每处重复接地的接地电阻值不应大于（   ）Ω。

A. 4 B. 10

C. 30 D. 100

8.【单选题】潮湿场所开关箱中的漏电保护器，其额定漏电动作电流为（   ）mA。

A. 15 B. 不大于 15

C. 30 D. 不大于 30

9.【单选题】羊角式非自动复位式开关属于（   ）行程开关。

A. 直动式 B. 滚轮式

C. 微动式 D. 组合式

10.【多选题】下面关于施工现场开关箱说法正确的是（　　　）。

A. 每台用电设备必须有各自专用的开关箱，严禁用同一个开关箱直接控制 2 台及 2 台以上用电设备

B. 动力开关箱与照明开关箱必须分设

C. 固定式开关箱的中心点与地面的垂直距离应为 1.4～1.6m

D. 移动式开关箱应装设在坚固的支架上，其中心点与地面的垂直距离宜为 0.8～1.6m

E. 动力开关箱与照明开关箱可以同时设定

11.【多选题】行程开关按其结构可分为（　　　）。

A. 直动式 B. 滚轮式

C. 微动式 D. 组合式

E. 双向式

12.【多选题】漏电保护器按运行方式可分为（　　　）。

A. 不用辅助电源的漏电保护器 B. 使用辅助电源的漏电保护器

C. 有过载保护功能的保护器 D. 有短路保护功能的保护器

E. 有过电压保护功能的保护器

13.【多选题】下列属于漏电保护器按保护功能分类的是（　　　）。

A. 不用辅助电源的漏电保护器 B. 使用辅助电源的漏电保护器

C. 有过载保护功能的保护器 D. 有短路保护功能的保护器

E. 有过电压保护功能的保护器

【答案】1. ×；2. √；3. √；4. ×；5. C；6. A；7. B；8. B；9. B；10. ABCD；11. ABCD；12. AB；13. CDE

第七章 施工机械管理制度计划编制

考点 26：建筑机械使用管理基本制度 ★ ●

教材点睛 教材 P62～66

1. "三定"责任制度

（1）"三定"制度：定人、定机、定岗位责任。

（2）"三定"制度的形式：

1）单人操作的机械，实行专人负责制，其操作人员承担机长职责。

2）多班作业或多人操作的建筑机械，均应组成机组，实行机组负责制，其机组长即为机长。

3）班组共同使用的机械以及一些不宜固定操作人员的设备，应指定专人或小组负责，限定具有操作资格的人员进行操作，实行专人或小组长领导下的分工负责制。

（3）"三定"制度的管理

1）机械操作人员的配备，应由设备产权单位选定派出，人员名单应报项目机械管理部门备案，其中大型设备确定一名机长，中小型设备确定一名机械班组长负责机械设备的有关管理事宜。

2）机长或机械班组长确定后，并应保持相对稳定，不要轻易更换。

3）机械转场时，大型建筑机械原则上做到人随机调，重点建筑机械则必须人随机调。

（4）岗位责任：明确操作人员内部分工，机组长的职责和职权，机组人员的职责和任务，机组（长）人员必须遵守和执行机械操作规程及有关制度与规定，对设备使用管理、安全运行、统计考核以及保养工作等负有直接责任。

2. 持证上岗制度

（1）建筑起重机械特种作业人员由住建系统负责培训、考核，主要包括：信号司索工；塔式起重机（施工升降机、物料提升机）司机；塔式起重机（施工升降机、物料提升机）安装拆卸工；建筑电工。

（2）由其他部门培训、考核的特种作业工种主要包括：电气焊工；流动式起重机司机（汽车起重机除外）、门（桥）式起重机司机等。

（3）非特种作业人员虽然不属于国家统一培训的特种作业，也需要持证上岗。

（4）操作证每年组织一次审验，审验内容是操作人员的健康状况和奖惩、事故等记录，审验结果填入操作证有关记事栏。未经审验或审验不合格者，不得继续操作机械。

3. 交接班制度

（1）交接班的内容：交清本班任务完成情况、工作面情况及注意事项或要求；交清机械运转及安全保护装置的状态，重点说明有无异常情况及处理经过；交清领导的指令或上级来检查的情况；交清本班生产过程中发生的大小事故及安全隐患；交清机械保养情况及存在问题；交清机械随机工具、附件等情况；填好本班各项原始记录。

（2）交接班的要求

1）交接班人员要提前做好交接准备，填写好运行记录和交接班记录。

2）交接班应坚持做到：资料数据记录不全不准交接；特殊工种岗位不交给无证上岗及劳动保护用品穿戴不全者；正在处理的事故或故障不交接。

3）交接班前发现的问题由交班方负责，接班者验收合格后交班方才可离去。

4）交班完毕后，发现的大小问题一律归接班人员负责，交班人不负任何责任。

5）交接班完毕后，双方在记录本上签字确认。

（3）交接班资料管理：交接班记录簿由机械管理部门月末回收更换，记录簿的原始记录存档备查。

4. 建筑机械检查制度

（1）施工项目建筑机械检查通常包括：日常检查、定期检查、专项检查。

（2）专项（不定期）检查的主要内容

1）冬闲过后重新开工、暴风雨雪等极端天气过后、地震等地质灾害后的检查。

2）对改造或局部修理后的设备应进行专项检查。

3）节假日及某些特殊情况进行的检查。

4）行业主管部门或总包方聘请的第三方检测机构的检查。

5. 维修保养制度：为使机械设备保持良好的工作状态，减少机械磨损，延长使用寿命，提高机械完好率，必须对机械进行日常维护、一级保养和二级保养。

考点 27：建筑机械设备运行管控计划编制

1. 运行管理控制计划包括：建筑机械设备管理策划；建筑机械需用计划；设备投资计划书；检查计划；设备维修保养计划；配件贮备计划。

2. 运行管理控制计划编制

（1）常规维护保养计划编制：根据建筑机械的使用年限、运行状况、工作任务的轻重，参考故障浴盆曲线，编制建筑机械维修保养计划，并及时对建筑机械进行维修保养。

（2）常规安全检查计划编制

1）依据项目日常管理要求、各机械的特点工作任务的情况，实施检查的范围、内容及实施人员都不相同等进行编制。

2）检查计划中要明确的内容有：需达到的目标效果、实施检查的时间、实施检查人员、检查事项内容、检查方式方法、需用的仪器工具等。

1.【判断题】"三定"制度是做好建筑机械使用管理的基础。　　　　（　　）

2.【判断题】特种作业人员，是指直接从事特种作业的从业人员。　　（　　）

3.【判断题】多班作业或多人操作的建筑机械应组成机组，其机组长不能作为机长。

（　　）

4.【判断题】对于塔式起重机、电梯等大型设备，每年都应制定维修保养计划。

（　　）

5.【判断题】非特种作业人员不属于国家统一培训的特种作业，不需要持证上岗。

（　　）

6.【单选题】定人、定机、定岗位责任，简称（　　）。

A. "三定"制度　　　　　　　　　B. 持证上岗制度

C. 交接班制度　　　　　　　　　D. 检查制度

7.【单选题】建筑机械交接班制度的交接内容，不包括（　　）。

A. 机械油箱数量情况

B. 本班任务完成情况、工作面情况及注意事项或要求

C. 机械运转及安全保护装置的状态，有无异常情况及处理经过

D. 本班生产过程中发生的大小事故及安全隐患

8.【单选题】建筑机械维修保养的分类不包括（　　）。

A. 日常维护　　　　　　　　　　B. 三级保养

C. 一级保养　　　　　　　　　　D. 二级保养

9.【单选题】常规安全检查计划的内容，不包括（　　）。

A. 配件贮备　　　　　　　　　　B. 实施检查的时间

C. 检查事项内容　　　　　　　　D. 实施检查人员

10.【多选题】建筑机械使用管理的基本制度有（　　）。

A. "三定"责任制度　　　　　　　B. 持证上岗制度

C. 交接班制度　　　　　　　　　D. 检查制度

E. 安全使用制度

11.【多选题】施工项目建筑机械检查通常包括（　　）。

A. 日常检查　　　　　　　　　　B. 定期检查

C. 普通检查　　　　　　　　　　D. 专项检查

E. 不定期检查

12.【多选题】建筑机械常规维护保养计划编制的依据有（　　）。

A. 使用年限　　　　　　　　　　B. 维修人员技术水平

C. 运行状况　　　　　　　　　　D. 参考故障浴盆曲线

E. 工作任务的轻重

13.【多选题】运行管理控制计划包括（　　）。

A. 持证上岗计划　　　　　　　　B. 建筑机械设备管理策划

C. 设备投资计划书　　　　　　　D. 建筑机械需用计划

E. 配件贮备计划

【答案】1. √；2. √；3. ×；4. √；5. ×；6. A；7. A；8. B；9. A；10. ABCD；11. ABD；12. ACDE；13. BCDE

第八章　施工机械设备的选型与配置

考点 28：建筑机械的合理配置●

教材点睛　教材 P70

1. 合理配置建筑机械的目的：合理运用建筑机械，达到提高机械作业的生产率，降低机械运转费用，延长机械使用寿命和达到项目施工安全、质量、进度目标。

2. 选择建筑机械的依据

（1）施工方法、工程量、施工进度计划、施工质量要求、施工条件、机械技术状况和机械供应情况等。

（2）建筑机械的主要技术参数是：机械的容量、能耗、功能、工作半径、速度、生产率、安装及运输尺寸、作业质量、功率等。

考点 29：公路工程建筑机械配置●

教材点睛　教材 P70～72

1. 路基工程主要建筑机械的配置

分部分项工程名称	主要机械配置
清基和料场准备	推土机、挖掘机、装载机和平地机等
土方开挖工程	推土机、铲运机、挖掘机、装载机、流动式起重机和自卸汽车等
石方开挖工程	挖掘机、推土机、装载机、移动式空气压缩机、凿岩机、爆破设备和自卸汽车等
土石填筑工程	推土机、铲运机、挖掘机、装载机、羊足碾、各类压路机（振动、静压和梅花碾等）、洒水车、强夯机、部分犁型设备、稳定土拌合机、平地机和自卸汽车等
路基整形工程	平地机、推土机和挖掘机等

2. 路面基层施工主要建筑机械的配置

用途	主要机械配置
基层材料的拌合设备	集中拌合（厂拌）采用成套的稳定土拌合设备；现场拌合（路拌）采用稳定土拌合机
摊铺平整机械	拌合料摊铺机、平地机、推土机、挖掘机、石屑或场料撒布车
装运机械	装载机和运输车辆
压实设备	压路机（振动静压）
清除设备和养护设备	清除车、洒水车

3. 沥青路面施工主要建筑机械的配置

用途	主要机械配置
混凝土搅拌设备	强制式沥青混凝土搅拌设备
沥青混凝土摊铺机	每台摊铺机的摊铺宽度不宜超过 7.5m，可以按照摊铺宽度确定摊铺机的台数
沥青路面压实机械	光轮压路机、轮胎压路机和振动压路机

4. 水泥混凝土路面施工主要建筑机械的配置：混凝土搅拌站、运输泵车、装载机、运输车、布料机、挖掘机、滑模摊铺机、整平机、拉毛养护机、切缝机、洒水车等。

巩固练习

1. 【判断题】建筑机械的选择应与工程的具体实际相适应。 （ ）

2. 【判断题】对于路基整形工程，选择的机械主要有平地机、推土机和压路机等。
（ ）

3. 【单选题】沥青路面施工主要建筑机械的配置，不包括（ ）。
A. 通用施工机械
B. 混凝土搅拌设备的配置
C. 沥青混凝土摊铺机的配置
D. 沥青路面压实机械配置

4. 【单选题】桥梁工程施工主要建筑机械的配置不包括（ ）。
A. 通用施工机械
B. 桥梁混凝土生产与运输机械
C. 混凝土搅拌设备的配置
D. 上部施工机械

5. 【单选题】路基工程主要建筑机械的配置，不包括（ ）。
A. 摊铺机
B. 推土机
C. 压路机
D. 平地机

6. 【单选题】建筑机械的主要技术参数，不包括（ ）。
A. 功率
B. 安装及运输尺寸
C. 功能
D. 距离

7. 【单选题】合理选择建筑机械的依据，不包括（ ）。
A. 施工方法
B. 施工进度计划
C. 厂家的融资能力
D. 机械的技术状况和机械的供应情况

8. 【单选题】土方开挖工程主要机械配置是（ ）。
A. 平地机
B. 强夯机
C. 移动式空气压缩机
D. 自卸汽车

9. 【单选题】沥青路面施工时沥青混凝土摊铺机每台的摊铺宽度不宜超过（ ）m。
A. 5
B. 7.5
C. 9
D. 10

10. 【单选题】水泥混凝土路面施工主要建筑机械的配置，不包括（ ）。

A. 空压机   B. 滑模摊铺机

C. 拉毛养护机   D. 整平机

11.【多选题】合理配置建筑机械的目的是（　　　　）。

A. 延长机械使用寿命

B. 合理运用建筑机械，达到提高机械作业的生产率

C. 达到项目施工安全、质量、进度目标

D. 降低机械运转费用

E. 确定施工方法

12.【多选题】沥青路面施工主要建筑机械的配置有（　　　　）。

A. 通用施工机械   B. 混凝土搅拌设备的配置

C. 沥青混凝土摊铺机的配置   D. 沥青路面压实机械配置

E. 桥梁混凝土生产与运输机械

13.【多选题】桥梁工程施工主要建筑机械的配置有（　　　　）。

A. 通用施工机械   B. 桥梁混凝土生产与运输机械

C. 下部施工机械   D. 上部施工机械

E. 混凝土搅拌设备的配置

【答案】1. √；2. ×；3. A；4. C；5. A；6. D；7. C；8. D；9. B；10. A；11. ABCD；12. BCD；13. ABCD

考点 30：高层建筑施工机械配置●

教材点睛　教材 P72～73

1. 高层建筑施工中大量建筑材料需要垂直和水平运输，其中施工垂直运输机械设备尤其重要。

2. 垂直运输机械的种类

（1）垂直运输机械常用的有塔式起重机（分附着式和爬升式）、施工升降机（分载人和非载人）。

（2）混凝土输送机械有混凝土泵（分汽车臂架式和拖式）、混凝土运送车等。

3. 垂直运输机械的选配

（1）塔式起重机选择要考虑建筑物的外形和平面布置、建筑层数和建筑总高度、建筑工程量、建筑构造材质工艺、材料的重量、施工工期以及周围施工条件。

（2）混凝土泵选择要根据工程特点、工期要求和施工条件，正确选择混凝土泵的种类。混凝土拖式泵适合于高层及超高层建筑混凝土浇筑；使用时要特别注意选择泵送设备的功率和泵管相应的配套技术措施。

4. 垂直运输机械综合布设：高层建筑施工起重运输体系设计时，应考虑与其他设施的交叉情况；运输能力要能满足规定工期的要求；做到综合经济效益好，机械费用低。

考点 31：建筑机械的合理优化

教材点睛 教材 P73～74

1. 优化的基本原则

（1）建筑机械选择应考虑实际工程量、施工条件、技术力量、配置动力与生产能力等因素。

（2）配置要以施工整体效率为优先，做到生产适用、安全可靠、性能稳定、经济合理、满足施工要求。

（3）要充分考虑设备的生产率、可靠性、维修性、节能性、成套性、安全性和环境性等。

（4）设备应选择整机性能好、效率高、故障率低、维修方便、互换性强的设备。

2. 施工机械成本合理优化

（1）优化流程：配置方案预选（符合性实效性查验）→各方案全部费用开支预算（含风险费用预估）→计算各方案总成本（或单位成本）→选取最低的配置方案→编制完善机械设备配置计划书。

（2）注意事项：方案预选过程中，应考虑本企业管理适应性、周边环境因素等，列出可能出现的管理、使用风险。（主要风险有：机械噪声；机械进出场交通道路需求；安装场地需求；费用开支预算漏项等）

巩固练习

1.【判断题】高层建筑施工包括基础施工、结构施工、装修施工等。　　（　　）

2.【判断题】建筑机械选择应考虑实际工程量、施工条件、技术力量、配置动力与生产能力等因素。　　（　　）

3.【判断题】施工机械成本合理优化方案预选过程中，应考虑出租企业管理适应性、周边环境因素等。　　（　　）

4.【单选题】下列不属于常用高层建筑施工起重运输体系组合的是（　　）。

A. 塔式起重机＋施工电梯

B. 塔式起重机＋施工电梯＋混凝土泵车

C. 塔式起重机＋施工电梯＋拖式混凝土泵

D. 塔式起重机＋混凝土泵车＋拖式混凝土泵

5.【单选题】下列不属于混凝土泵按机动性分类的是（　　）泵。

A. 臂架式　　　　　　　　　　B. 汽车式

C. 筒式　　　　　　　　　　　D. 拖式

6.【单选题】建筑机械的合理优化要充分考虑设备的因素内容，不包括（　　）。

A. 优化流程　　　　　　　　　B. 可靠性

C. 生产率　　　　　　　　　　D. 维修性

7.【单选题】高层建筑施工起重运输体系设计时，应考虑的因素不包括（　　）。

A. 与其他设施的交叉情况　　　　　　B. 运输能力要能满足规定工期的要求

C. 运输的舒适性好　　　　　　　　　D. 做到综合经济效益好，机械费用低

8.【多选题】施工机械成本合理优化流程包括（　　）。

A. 配置方案预选　　　　　　　　　　B. 各方案全部费用开支预算

C. 计算各方案总成本　　　　　　　　D. 编制完善机械设备配置计划书

E. 安装场地需求

9.【多选题】建筑机械设备应选择整机（　　）的设备。

A. 性能好　　　　　　　　　　　　　B. 效率高

C. 故障率低　　　　　　　　　　　　D. 维修方便

E. 互换性强

【答案】1. √；2. √；3. ×；4. D；5. C；6. A；7. C；8. ABCD；9. ABCDE

第九章　特种设备安全监督检查

考点32：建筑起重机械安装拆卸的监督 ●

教材点睛 教材 P75～80

1. 特种设备：指对人身和财产安全有较大危险性的锅炉、压力容器（含气瓶）、压力管道、电梯、起重机械、客运索道、大型游乐设施、场（厂）内专用机动车辆以及法律、行政法规规定适用《中华人民共和国特种设备安全法》的其他特种设备。

2. 产权备案：由建设主管部门根据规定，对产权单位的建筑起重机械进行登记编号，发给备案证明。通过备案管理对建筑起重机械进行统计跟踪、有效管理。

3. 安装（拆卸）告知：安装单位应在建筑起重机械安装（拆卸）前2个工作日内，告知工程所在地县级以上地方人民政府建设主管部门；安装（拆卸）告知所提交的资料，需经施工总承包单位、监理单位审核。

4. 安装施工

（1）资质：建筑起重机械的安装拆卸实行资质管理，起重机械的安装拆卸必须由取得建设行业行政主管部门颁发的安装拆卸资质证书的专业单位进行，并在资质许可范围内从事拆装施工作业。

（2）安装拆卸作业人员：建筑起重机械安装拆卸的作业人员必须经过专业安全技术培训，取得建设行政主管部门颁发的"建筑起重机械安装拆卸工"上岗证书，方可从事安装拆卸作业。

（3）专项施工方案

1）建筑起重机械的安装拆卸需编制专项施工方案，包括塔式起重机、施工升降机等大型机械设备的安装、附着锚固、顶升、降节、拆卸方案。

2）安装拆卸施工方案，应由总承包单位技术负责人及分包单位技术负责人共同审核签字并加盖单位公章，并由总监理工程师审查签字、加盖执业印章后方可实施。

3）对于超过一定规模的危大工程，施工总承包单位（施工单位）应组织召开专家论证会论证专项施工方案；专项施工方案应通过施工单位审核和总监理工程师审查；专家应从专家库中选取，符合专业要求且人数不得少于5名；专家论证会后，形成书面论证报告，专家对论证报告负责并签字确认。

4）专项施工方案经论证需修改的，施工单位应根据论证报告修改完善后，重新履行专项方案的报审程序。专项施工方案经论证不通过的，施工单位修改后应当按照《危险性较大的分部分项工程安全管理规定》的要求重新组织专家论证。

5）安装企业应当严格按照专项施工方案组织施工，不得擅自修改专项施工方案。如因规划调整、设计变更等原因确需调整的，修改后需重新审核、论证。

（4）安装拆卸作业

1）施工总承包单位应在施工现场显著位置公告危大工程名称、施工时间和具体责任人员，并在危险区域设置安全警示标志。

2）安装前检查：安装（拆卸）前对设备进行检查，各零部件应该完好齐全，杜绝设备带病施工。

3）安装拆卸施工：作业中要执行安全技术交底的内容和要求，在技术、安全人员的安全监护和技术支持下，按照施工方案规定的程序和工艺进行安装拆卸施工作业。

4）安装监督：安装企业专职安全生产管理人员对专项施工方案实施情况进行现场监督；施工总承包单位设备和安全人员对安装过程进行监督和安全巡视；监理单位应派安全监理工程师进行旁站监理。

（5）安装自检：安装完毕后安装单位按照有关技术规定进行调试，完毕后出具自检合格报告。

5. 安装检验：建筑起重机械安装完毕后（验收前），报请具有相应资质的检验检测机构对安装的建筑起重机械进行安装检验，检验合格后出具《验收检验报告》。

6. 安装验收：使用单位组织出租、安装、监理等有关单位进行验收，填写有关表格并签字；或者委托具有相应资质的检验检测机构进行验收。建筑起重机械经验收合格后方可投入使用。

7. 使用登记：建筑起重机械使用单位在建筑起重机械安装验收合格之日起 30 日内，向工程所在地县级以上地方人民政府建设主管部门（简称"使用登记机关"）办理使用登记。

考点 33：特种设备资料符合性查验

1. 查验生产、安拆、监管等各相关单位依法出具的资料，如制造许可证、产品合格证、定型试验报告、产品使用说明书等。

2. 查验目的：保证特种设备使用的合法性，做到依法明确各相关单位责任。

3. 主要核验内容

（1）资料与设备的对应性查验。

（2）资料的真实有效性查验。

（3）生产单位、生产活动的合法性、生产能力对应性查验。

（4）特种作业人员查验。

（5）安装单位资质查验。

1.【判断题】建筑起重机械备案是由建设单位根据规定，对产权单位的建筑起重机械进行登记编号，发给备案证明。 （ ）

2.【判断题】建筑起重机械安装单位依法取得建设主管部门颁发的相应资质，同时还必须取得建筑施工企业安全生产许可证，以保证安装拆卸的施工工程安全。 （ ）

3.【判断题】建筑起重机械经验收合格后方可投入使用，未经验收或者验收不合格的不得使用。 （ ）

4.【单选题】产权单位在办理备案手续时，应当向备案机关提交的资料不包括（ ）。

A. 制造许可证　　　　　　　　　　B. 安全技术标准

C. 产品合格证　　　　　　　　　　D. 制造监督检验证明

5.【单选题】下列（ ）情形的建筑起重机械，不属于备案机关不予备案的情形。

A. 具有制造许可证的

B. 属国家或地方明令淘汰或禁止使用的

C. 超过制造厂家或者安全技术标准规定使用年限的

D. 经检验达不到安全技术标准规定的

6.【多选题】产权单位在办理备案手续时，应当向备案机关提交的资料包括（ ）。

A. 制造许可证　　　　　　　　　　B. 产权单位法人营业执照副本

C. 产品合格证　　　　　　　　　　D. 制造监督检验证明

E. 购销合同、发票或相应有效凭证

7.【多选题】下列（ ）情形的建筑起重机械，备案机关不予备案。

A. 具有制造许可证

B. 属国家或地方明令淘汰或禁止使用

C. 超过制造厂家或者安全技术标准规定的使用年限

D. 经检验达不到安全技术标准规定

E. 具有产品生产合格证的

8.【多选题】安装拆卸作业包括（ ）。

A. 安装前检查　　　　　　　　　　B. 安装拆卸施工

C. 安装监督　　　　　　　　　　　D. 安装自检

E. 安装后检查

【答案】1. ×；2. √；3. √；4. B；5. A；6. ABCDE；7. BCD；8. ABC

第十章 安全技术交底

考点 34：安全技术交底 ●

教材点睛 教材 P82

1. 交底作用：通过方案、规范的学习、讲解，让实际操控人员掌握安全风险控制、技术要点、应对措施等。

2. 制度建设：施工单位应结合企业实际，制定安全技术交底制度，保证安全交底的有效性，提高作业人员安全意识，规范安全技术操作，创造安全生产环境。

3. 交底主要依据：施工技术方案、机械设备手册、施工安全技术规范、技术规程等。

4. 安装拆卸方案交底重点内容：施工要点、安全技术措施、安装方法、工艺步骤、施工中可能出现的危险因素、安全施工注意事项等。

5. 机械设备使用操作交底重点内容：讲解操作规程、使用要领、注意事项等。

6. 安全技术交底完成后，应形成书面文件，交底人及被交底人和专职安全生产管理人员需共同签字确认。

巩固练习

1.【判断题】安全技术交底是机械安全运行控制中的一个重要流程，可让机械实际操作人员掌握机械设备安全风险控制、技术要点、应对措施等。（　　）

2.【判断题】机械设备使用操作交底，通常由施工总承包单位机械员及产权单位对操作人员、指挥人员进行单独安全技术交底。（　　）

3.【单选题】下列不属于安全技术交底主要依据的是（　　）。

A. 施工技术方案　　　　　　　　B. 机械设备手册

C. 施工安全技术规范　　　　　　D. 设备统计台账

4.【单选题】安全技术交底完成后，应形成（　　）文件，交底人及被交底人和专职安全员需共同签字确认。

A. 电子　　　　　　　　　　　　B. 书面

C. 视频　　　　　　　　　　　　D. 语音

5.【单选题】机械设备使用操作交底重点内容不包括（　　）。

A. 设备原理　　　　　　　　　　B. 使用要领

C. 注意事项　　　　　　　　　　D. 操作规程

6.【多选题】安装施工交底应将（　　）等向安全作业人员交底。

A. 施工要点   B. 安全技术措施

C. 工艺步骤   D. 设备价格或租金

E. 安全施工注意事项

【答案】1. √；2. ×；3. D；4. B；5. A；6. ABCE

第十一章 作业人员教育培训

考点 35：作业人员教育与培训

教材点睛 教材 P83

1. 安全教育和技术培训

（1）作用：提高各级领导、管理人员、作业人员的安全素质、管理能力和技术水平的基础工作，在高度认识机械设备安全生产的重要性基础上，精通建筑机械管理专业知识，提高技术水平。

（2）内容：学习掌握国家安全生产法律法规和新的管理规定，提高安全生产意识和管理能力，掌握安全生产知识和操作技能，熟悉企业安全管理规章制度，遵守安全操作规程，增强事故预防和应急处理能力。

2. 操作人员培训

（1）培训计划的编制

1）编制依据：项目施工特点，设备种类、性能及操作要领等。

2）培训计划应明确培训目的、培训性质、培训内容、参加人员等。

3）培训内容：包括管理制度、专业性的知识、操作技能、安全技术危险因素识别和应急处置措施等。

（2）培训的实施方式

1）外部培训：聘请经验丰富、专业性强的培训老师组织培训。

2）内部培训：企业培养自己的培训讲师组织培训。优势是了解企业特点，培训的针对性强。

3）技能竞赛：通过技能竞赛，可在员工中形成比学赶超的良好氛围，调动员工学习的积极性。

巩固练习

1.【判断题】通过技能竞赛，可在员工中形成比学赶超的良好氛围，调动员工学习的积极性。 （ ）

2.【单选题】安全教育和技术培训的作用不包括（ ）。

A. 精通质量管理专业知识

B. 提高安全素质

C. 认识机械设备安全生产的重要性

D. 提高管理能力和技术水平

3. 【多选题】适合施工现场的培训的方式有（　　）。

A. 外部讲师做培训

B. 内部专家进行专业培训

C. 技能比赛

D. 知识竞赛

E. 网络学习

【答案】1. √；2. A；3. ABC

第十二章　机械设备安全运行

考点 36：建筑机械事故

教材点睛　教材 P84～86

1. 建筑机械事故原因

（1）现状产生的事故原因："以租代管，只租不管"；租赁企业管理参差不齐，人员素质低，管理不到位，建筑机械维修不及时；操作及维修人员文化水平低，缺乏经验，保养水平差，维修不及时。

（2）按照安全事故致因理论，建筑机械事故发生的主要原因有：人的不安全行为、物的不安全状态、管理缺陷及自然因素。

2. 建筑起重机械事故类型：整机失稳，金属结构的破坏，重物坠落的打击伤害，人员高处跌落伤害，夹挤和碾轧伤害，触电伤害，其他机械伤害。

考点 37：依据运行状况记录进行机械设备安全评价 ●

教材点睛　教材 P86

1. 安全评价的作用：发现问题及时实施隐患排除。

2. 运行状况检查方法：观察机械设备运行的声音、安全防护状态、周围环境、人的行为等因素。

3. 对运行记录的分析，主要分析记录中的产量数据、非正常消耗、运行异常现象等因素，进行反向追查，发现问题并排除隐患。

巩固练习

1.【判断题】安全评价的作用是发现问题及时实施隐患排除。　　　　　　（　　）

2.【单选题】建筑起重机械事故类型不包括（　　　）。

A. 金属结构的破坏　　　　　　　　　B. 溺水

C. 整机失稳　　　　　　　　　　　　D. 重物坠落的打击伤害

3.【单选题】建筑机械运行状况检查方法不包括（　　　）。

A. 观察设备运行声音　　　　　　　　B. 观察安全防护状态

C. 观察周围环境　　　　　　　　　　D. 观察天气

4.【多选题】建筑机械事故发生的主要原因有（　　　）。

A. 人的不安全行为   B. 物的不安全状态

C. 管理缺陷   D. 自然因素

E. 意外情况

【答案】1. √；2. B；3. D；4. ABCD

考点 38：施工现场常用机械设备关键部位安全检查 ★ ●

| 教材点睛 | 教材 P86～94 |

1. 塔式起重机存在的安全隐患

安全隐患	表现状态
标准节连接螺栓未按规范连接	标准节螺栓未拧紧；标准节连接螺栓用螺母未拧入；标准节连接螺栓短，螺母无法拧入
销轴开口销未安装或不规范	开口销漏装；开口销用铁丝和焊条代替；开口销未插入或未打开
销轴轴向卡轴板脱落	轴向固定焊接挡板脱落；卡轴板螺栓漏装；卡轴板漏装
钢结构母材断裂及焊缝开裂	标准节主弦杆母材断裂；主弦杆开裂；回转平台母材开裂；回转平台焊缝开裂；基础锚脚母材开裂
附墙装置焊接质量差	随意焊接或改造，加工制作过程中控制不到位、质量不合格或非专业人员制作
安全装置失效或损坏	力矩限制器限位未调整到位；力矩限制器限位开关漏装；限位器连接失效；变幅小车断绳保护器被绑扎；钢丝绳防跳保护装置损坏失效；未安装卷筒防跳保护装置；吊钩钢丝绳防脱装置失效
钢丝绳磨损断丝超标和安装不规范	磨损断丝达到报废标准；钢丝绳绳端未安装鸡心环
塔式起重机基础积水	标准节及底梁浸泡在水中

2. 施工升降机存在的安全隐患

（1）对重防松绳保护断电开关未安装。

（2）对重导轨变形，对重极易脱轨。

（3）标准节齿条严重磨损。

（4）传动机构传动板被焊接固定。

（5）吊笼高度限位挡块固定不牢。

（6）吊笼钢结构锈蚀破损。

3. 电动吊篮存在的安全隐患

（1）女儿墙当作吊篮前支架使用且无固定措施。

（2）后支架配重无防移动措施。

（3）工作钢丝绳和安全钢丝绳共用固定螺栓。

（4）悬吊平台四周未设置挡脚板。

（5）安全钢丝绳重锤未离地 15cm。

（6）钢丝绳弯曲变形严重仍然使用。

（7）安全绳固定在悬挂机构上。

（8）安全绳通过建筑物棱角处未保护。

（9）上限位开关变形失效。

（10）上限位开关碰块损坏。

（11）私自捆绑安全锁。

1.【判断题】塔式起重机基础积水属于安全隐患。　　　　　　　　　（　　）

2.【判断题】女儿墙当作吊篮前支架使用可以无固定措施。　　　　　（　　）

3.【单选题】塔式起重机销轴开口销未安装或不规范的表现状态是（　　　　）。

A. 卡轴板漏装　　　　　　　　　　　B. 开口销未插入或未打开

C. 螺母无法拧入　　　　　　　　　　D. 卡轴板螺栓漏装

4.【单选题】塔式起重机安全装置失效或损坏的表现不包括（　　　　）。

A. 力矩限制器限位开关漏装　　　　　B. 力矩限制器限位未调整到位

C. 变幅小车断绳保护器被绑扎　　　　D. 钢丝绳干燥

5.【单选题】起重钢丝绳安全隐患的表现是（　　　　）。

A. 钢丝绳干燥　　　　　　　　　　　B. 钢丝绳绳端未安装鸡心环

C. 安装钢丝绳防跳保护装置　　　　　D. 安装吊钩钢丝绳防脱装置

6.【单选题】施工升降机的安全隐患不包括（　　　　）。

A. 传动机构传动板焊接固定　　　　　B. 吊笼钢结构锈蚀破损

C. 对重油漆脱落　　　　　　　　　　D. 标准节齿条严重磨损

7.【单选题】电动吊篮存在的安全隐患不包括（　　　　）。

A. 安全钢丝绳重锤离地25cm　　　　　B. 上限位开关变形失效

C. 安全绳固定在悬挂机构上　　　　　D. 悬吊平台四周未设置挡脚板

8.【多选题】塔式起重机附墙装置安全隐患的表现有（　　　　）。

A. 随意改造　　　　　　　　　　　　B. 随意焊接

C. 未刷防锈漆　　　　　　　　　　　D. 非专业人员制作

E. 质量不合格

【答案】1. √；2. ×；3. B；4. D；5. A；6. C；7. A；8. ABDE

第十三章　机械设备安全隐患识别

考点 39：恶劣气候条件下机械设备存在的安全隐患及应对措施

教材点睛 教材 P95～96

1. 恶劣天气条件下的安全隐患

（1）大风对起重机械架体结构带来极大损伤：吊物吹落；机械结构变形；设备倒塌等。

（2）大雾导致视觉受阻：无法看清吊物及作业面，造成误操作，发生碰撞、伤人、坠物等事故。

（3）暴雨造成设备基础积水：基础塌方、下沉、承载力下降；腐蚀设备机构；设备倾斜、倒塌。

（4）下雨潮湿：设备控制电路受损，出现短路、漏电跳闸等现象；电线电缆等绝缘下降，导致触电事故。

（5）雷电：对设备、作业人员的电击伤害等。

（6）极寒极热导致机械设备自身性能下降：速度降低、润滑下降、制动失效等。

（7）极端天气还会导致作业环境恶化。

2. 恶劣天气的应对措施

（1）做好预防工作，做好日常检查和维修保养，发现问题及时处理。

（2）当恶劣天气来临时，机械设备应及时停止使用。

（3）大风过后对塔式起重机等高耸设备的基础、钢结构、各连接点、附着等重要部位和受力杆件进行检查、处理、加固。

（4）雨雪过后，塔式起重机应先经过试吊，确认制动灵敏可靠后方可进行作业。

考点 40：施工机械设备安全保护装置的缺失及应对措施●

教材点睛 教材 P96～97

1. 安全保护装置种类：隔离防护装置；限位装置；起重量限制装置；力矩限制装置；防坠限制装置；连锁防护装置；起重吊钩防脱钩装置；钢丝绳防脱装置；紧急开关；安全监控系统。

2. 设备安全防护装置的使用和维修管理

（1）操作人员要遵守操作规程，严禁违规使用、野蛮操作；

（2）操作司机每天作业前应该进行全面检查，确认安装装置是否正常，否则应立即修复，严禁在安全防护失效的情况下继续使用；

（3）现场机械员、安全员应随时检查设备安全防护装置情况，一旦发现安全装置损坏，应立即停机，排除故障，修复后方可使用；

（4）专业维修人员按时维修保养，提前预知预防，及时更换损坏的安全部件，保证安全防护装置安全有效。

巩固练习

1.【判断题】建筑起重机械在安装、使用过程中由于安装不到位，在安装后未经验收和检测情况下就投入使用，会存在很多安全隐患，甚至导致事故的发生。　　（　　）

2.【判断题】大风对起重机械架体结构带来极大损伤，吊物吹落，特别是塔式起重机、施工升降机等高耸设备，易造成结构变形、设备倒塌等重大事故。　　（　　）

3.【判断题】力矩限制装置是塔式起重机最大起重量的限制的保护装置。　　（　　）

4.【单选题】恶劣天气条件下的安全隐患不包括（　　）。

A. 大风导致设备倒塌　　　　　　　　B. 下雨潮湿出现短路、漏电跳闸

C. 雷电对设备、作业人员的电击伤害　D. 极寒极热导致机械设备倾斜

5.【单选题】设备安全防护装置的使用和维修管理做法错误的是（　　）。

A. 严禁违规使用、野蛮操作

B. 作业前进行全面检查，确认安装装置是否正常

C. 提前更换安全部件，保证安全防护装置安全有效

D. 发现安全装置损坏，立即停机

6.【单选题】下列不属于施工机械安全保护装置的是（　　）。

A. 隔离防护装置　　　　　　　　　　B. 起重机变幅机构

C. 重量限制装置　　　　　　　　　　D. 连锁防护装置

7.【多选题】当恶劣天气来临时的对应措施是（　　）。

A. 设备应及时停止使用　　　　　　　B. 塔式起重机放下钩头

C. 起重机械卸下吊物　　　　　　　　D. 升降机吊笼、吊篮笼体等落至地面

E. 不可切断设备电源

【答案】1. √；2. √；3. ×；4. D；5. C；6. B；7. ACD

考点 41：施工机械设备的违规使用及应对措施●

教材点睛 教材 P97

1. 违规使用的表现

（1）设备进场未进行检查验收。　　　（2）未按要求编写专项施工方案。

（3）超过一定规模危大专项方案未论证。

（8）检验不合格。

（9）设备带"病"运转。

（4）建筑起重机械未办理备案就安装使用。

（10）违反国家强制标准。

（11）设备操作人员无证操作。

（5）机械设备不符合国家规范标准。

（12）未经安全技术交底上岗。

（6）超过使用年限，达到报废标准。

（13）不按时进行维修保养。

（7）安装装置不齐全。

（14）不开展设备检查。

2. 违规应对措施

（1）强化设备日常使用的安全监督和管理，落实设备安全生产责任制。

（2）完善设备规章制度，操作规程，配齐机械操作人员。

（3）建立健全设备管理台账，加强设备管理人员的设备管理主体责任，打牢设备管理的基础工作。

（4）加强安全培训和安全考核工作，加大安全培训力度，做好安全教育，提高设备安全管理意识。

（5）做好安全技术交底工作，使操作者熟悉设备存在的危险、危害因素、防范措施和事故应急措施。

考点 42：施工机械操作人员的违规操作行为及应对措施●

1. 操作人员的主要违规表现

（1）操作人员不遵守机械操作规程。

（10）不填写运转记录，多班作业不进行交接班。

（2）操作人员不听从指挥。

（3）每班作业前未进行检查、试车、隐患排查。

（11）多人操作时不相互配合，动作不协调。

（4）发现故障隐患或问题不及时报告。

（12）擅自拆除机械设备的安全保护部件。

（5）未执行"十字作业方针"。

（6）未接受培训教育，未做到"四懂四会"。

（13）未经培训无证开机。

（14）不按规定佩戴和使用个人安全防护用品。

（7）开机期间擅自离岗。

（8）疲劳作业，饮酒驾驶。

（15）未严格执行"十不吊"。

（9）恶劣天气或不良环境条件下冒险操作。

2. 违规操作行为应对措施

（1）施工企业应加强对操作人员的安全教育，开展技术培训。

（2）完善安全管理制度，严肃施工纪律，对违法、违规、违纪行为加大处罚力度。

（3）机械及安全管理人员应加强现场检查巡查，及时发现处理和违章行为。

（4）企业应开展设备竞赛等群众活动，调动操作人员积极性，形成遵纪守法、安全操作的企业文化。

巩固练习

1.【判断题】施工机械的违规使用主要反映出设备管理缺失、安全生产责任不落实等问题，会使设备存在安全隐患，甚至导致安全事故的发生。　　　　　（　　）

2.【判断题】人的不安全行为是导致事故的重要原因之一。　　　　　　　（　　）

3.【单选题】下列不属于操作人员的主要违规操作行为的是（　　）。

A. 操作人员认真填写运转记录，多班作业按规定进行交接班

B. 不遵守机械操作规程

C. 设备带病运转，不进行保养

D. 疲劳作业，饮酒驾驶

4.【单选题】施工机械设备违规使用的应对措施，错误的是（　　）。

A. 落实设备安全生产责任制　　　　　　B. 完善设备规章制度，操作规程

C. 建立健全设备折旧台账　　　　　　　D. 加强安全培训和安全考核工作

5.【多选题】施工机械设备违规使用通常表现有（　　）。

A. 设备进场未进行检查验收　　　　　　B. 机械设备安装未经验收使用

C. 设备带病运转　　　　　　　　　　　D. 设备操作人员无证操作

E. 未超过使用年限，未达到报废标准

【答案】1. √；2. √；3. A；4. C；5. ABCD

第十四章 机械设备统计台账

考点43：机械设备统计台账

教材点睛 教材P99～100

1. 建立建筑机械运行基础数据，有利于充分了解建筑机械的实际工作能力，掌握实际运行成本，合理实施方案调整，能有效、充分地利用资源，避免窝工、资源浪费，并为本企业（或同条件工程）提供经营管理决策依据。

2. 基础的运行数据：包括建筑机械交接班记录、维修保养记录、运转记录等。

巩固练习

1.【判断题】建立建筑机械运行基础数据，有利于掌握实际运行成本，合理实施方案调整。 （   ）

2.【单选题】建筑机械基础数据能够为本企业提供（   ）。

A. 成本核算的依据 　　　　　　　　B. 从业人员资质资料

C. 经营管理决策依据 　　　　　　　D. 产品价格依据

3.【多选题】下列属于建筑机械运行基础数据的有（   ）。

A. 机械购置费用 　　　　　　　　　B. 建筑机械交接班记录

C. 运转记录 　　　　　　　　　　　D. 作业人员证书

E. 燃油添加记录

【答案】1. √；2. C；3. BC

第十五章　施工机械成本核算

考点 44：施工机械成本核算

教材点睛 教材 P101

1. 大型机械的使用费单机核算

（1）自有大型机械的使用费单机核算

自有大型机械使用费＝固定资产折旧费＋人工费＋维修保养费＋能源消耗费＋
进出场费＋其他费用

（2）外租大型机械的使用费单机核算

外租大型机械使用费＝单机租赁费＋安装拆卸和进出场费＋
自行配合人工能源消耗费及其他费用

2. 中小型建筑机械的使用费班组核算（机械台班单价可以由定额查询）

中小型建筑机械使用费＝$\sum$（施工机械台班消耗量 × 机械台班单价）

3. 机械设备的维修保养费核算

机械维修保养费＝维修保养零配件费＋维修耗材费＋工具损耗费＋人工费＋
其他费用

巩固练习

1.【判断题】自有大型机械使用费＝单机租赁费＋人工费＋维修保养费＋能源消耗费＋进出场费＋其他费用。　　　　　　　　　　　　　　　　　　（　　）

2.【判断题】机械维修保养费＝维修保养零配件费＋维修耗材费＋工具损耗费＋人工费＋其他费用。　　　　　　　　　　　　　　　　　　　　　　　　　（　　）

3.【单选题】外租大型机械使用费构成中不包括（　　）。

A. 单机租赁费　　　　　　　　　　B. 固定资产折旧费

C. 安装拆卸和进出场费　　　　　　D. 税额

4.【多选题】机械维修保养费包括（　　）等费用。

A. 维修保养零配件费　　　　　　　B. 机械租赁费

C. 工具损耗费　　　　　　　　　　D. 人工费

E. 能源消耗费

【答案】1. ×；2. √；3. B；4. ACD

第十六章　施工机械设备资料档案管理

考点 45：建筑机械档案●

教材点睛 教材 P102～106

1. 建筑机械档案包括：出厂原始资料、资产资料、技术经济资料、安全运行保障资料等。

2. 原始资料分为四类：生产合法证明类；产品定型证明类；责任承担证明类；使用指导类。

3. 现场建筑机械安全运行保障资料

（1）注意部分关键资料是唯一性的，存贮在设备产权单位，现场可收集复印件加盖原件保存部门印章，现场形成的资料必须保存原件。

（2）现场建筑机械管理基本资料包括：现场建筑机械台账表（册）；租赁建筑机械台账；设备分布及责任人登记表（册）；现场设备需用计划表（含总、季、月计划）。

（3）建筑机械安装资料。【P102～103】

（4）建筑机械使用资料。【P103】

（5）建筑机械经济核算资料

1）建筑机械租赁费用统计资料包括：租赁费核算单、租赁费统计台账等。

2）自有建筑机械费用核算资料包括：建筑机械购置登记表、耗材表、维修费用统计表、人员工资费用表、油料消耗统计表、项目建筑机械费用阶段分析对比等资料。

4. 企业建筑机械分类编号管理

（1）执行标准：《建材机械产品分类及型号编制方法》GB/T 32979—2016。

（2）执行统一编号的注意事项

1）建筑机械统一编号应由企业建筑机械管理部门在建筑机械验收转入固定资产时统一编排，编号一经确定，不得任意改变。

2）报废或调出系统的建筑机械，其编号应立即作废，不得继续使用。

3）建筑机械的主机和附机、附件均应用同一编号。

4）编号标志的位置。大型建筑机械可在主机机体指定的明显位置喷涂单位名称及统一编号，其所用字体及格式应统一。小型和固定安装机械可用统一式样的金属标牌固定于机体上。

5. 建筑机械资产管理的基本资料包括：登记卡片、台账、清查盘点登记表、档案等。

考点 46：建筑机械技术档案●

教材点睛　教材 P106～107

1. 建筑机械技术档案的作用：能系统地反映建筑机械运行状态的变化情况，是机械管理不可缺少的基础工作和科学依据。

2. 建筑机械技术档案由企业机械管理部门建立和管理，主要内容【P106～107】。

3. 建筑机械履历书（单机档案）主要内容

（1）试运转及走合期记录。

（2）运转台时、产量和消耗记录。

（3）保养、修理记录。

（4）主要机件及轮胎更换记录。

（5）机长更换交接记录。

（6）检查、评比及奖惩记录。

（7）事故记录。

4. 建筑机械技术档案收集注意事项

（1）原始资料一次填写入档；运行、消耗、保养等记录按月填写入档；修理、奖惩、事故、交接、改装、改造等及时填写入档。列入档案的文件、数据应准确可靠。

（2）国外引进建筑机械的技术资料和该机械有关国际技术交流的资料，应及早归档。

（3）机械调动时，技术档案随机移交。报废时，技术档案随报废申请单送批。

（4）借阅技术档案应办理审批和登记手续，借阅单位和个人不得在档案材料上涂改、抽换和损坏。

（5）建立技术档案检查和分析制度、以保证档案内容充实、可靠。主管机械的领导要定期检查档案的完整性，分析机械使用、维修和技术状况的变化等情况，以便掌握规律，改进机械管理工作。

5. 建筑机械运行统计的作用

（1）建筑机械运行基础数据的建立，有利于充分了解建筑机械的实际工作能力，在不同的作业环境下的产出，能有效地充分利用资源，避免窝工、资源浪费。

（2）建筑机械交接班记录、运转记录、完好率、利用率能及时准确地反映其运行状况、工作能力及任务情况。●

（3）根据记录可以及时调整人员配备及工作量的分配，有效地提高工作效率。

考点 47：企业建筑机械资料管理归档

教材点睛　教材 P107～109

1. 档案管理体制

（1）档案管理机构：应指定有关部门统一管理本单位的建筑机械技术档案。

（2）指定专人管理建筑机械技术档案工作，保管人必须维护档案的完整与安全，并接受必要的培训。

2. 立卷归档范围

（1）建筑机械登记表、备案证明、使用证复印件、设计文件、制造单位的产品质量合格证明、使用维护说明等文件以及安装技术文件和资料。

（2）定期检验和定期自行检查的记录。

（3）日常使用状况记录。

（4）安全附件、安全保护装置、测量调控装置及有关附属仪器仪表的日常维护保养记录。

（5）运行故障和事故及处理记录。

（6）重大修理改造竣工档案。

（7）停用、缓检的相关申请资料等，以及有关往来函件（含传真、电子邮件等）、照片等各种形式、载体的文件。

3. 单机归档、卷内目录【见 P109 表 16-3、表 16-4】

巩固练习

1.【判断题】建筑机械资产管理的基础资料包括：登记卡片、台账、清查盘点登记表、档案等。 （ ）

2.【判断题】清点工作必须做到及时、深入、全面、彻底，在清查中发现的问题要认真解决。 （ ）

3.【判断题】建筑机械技术档案由企业自行建立和管理。 （ ）

4.【判断题】建筑机械履历书是一种单机档案形式，由企业机械管理部门建立和管理。 （ ）

5.【判断题】档案管理机构应指定有关部门统一管理本单位的建筑机械技术档案。 （ ）

6.【单选题】建筑机械资产管理的基础资料中，反映建筑机械主要情况的基础资料是（ ）。

A. 登记卡片
B. 台账
C. 清查盘点登记表
D. 档案

7.【单选题】建筑机械档案不包括（ ）。

A. 档案出厂原始资料
B. 建筑机械安装资料
C. 技术经济资料
D. 安全运行保障资料

8.【单选题】企业建筑机械分类编号管理做法，错误的是（ ）。

A. 报废或调出本系统的建筑机械，其编号可转给新购置的机械

B. 编号一经确定，不得任意改变

C. 主机和附机、附件均应用同一编号

D. 大型建筑机械可在主机机体指定的明显位置喷涂单位名称及统一编号

9.【多选题】建筑机械履历书（单机档案）主要内容有（　　）。

A. 试运转及走合期记录

B. 运转台时、产量和消耗记录

C. 司机更换记录

D. 保养、修理记录

E. 主要机件及轮胎更换记录

10.【多选题】建筑机械资产管理的基础资料包括（　　）。

A. 登记卡片　　　　　　　　　B. 台账

C. 清查盘点登记表　　　　　　D. 档案

E. 使用记录

【答案】1.√；2.√；3.×；4.×；5.√；6. A；7. B；8. A；9. ABDE；10. ABCD